A. Matheswaran

Implementação e análise do esquema MPPT para um sistema fotovoltaico de estágio único

A. Matheswaran

Implementação e análise do esquema MPPT para um sistema fotovoltaico de estágio único

ScienciaScripts

Cover image: www.ingimage.com

This book is a translation from the original published under ISBN 978-3-659-82289-6.

Publisher:
Sciencia Scripts
is a trademark of
Dodo Books Indian Ocean Ltd. and OmniScriptum S.R.L publishing group

120 High Road, East Finchley, London, N2 9ED, United Kingdom
Str. Armeneasca 28/1, office 1, Chisinau MD-2012, Republic of Moldova, Europe
Printed at: see last page
ISBN: 978-620-8-08618-3

ÍNDICE DE CONTEÚDOS

LISTA DE NOMENCLATURAS

PV Cell	-Photovoltaic Cell
MPPT	-Maximum Power Point Tracking
SP	-Series - parallel
TCT	-Total Cross-Tide
BL	-Bridge-Linked
P&O	-Perturb & Observe
DC	-Direct Current
AC	-Alternating Current
PWM	-Pulse Width Modulation
I-V	-Current-Voltage
P-V	-Power-Voltage
STC	-Standard Test Condition
Voc & Isc	-Open circuit Voltage & Short circuit Current
KCL	-Kirchoff's Current Law
KVL	-Kirchoff's Voltage Law
PCC	-Point of Common Coupling
VSC	-Voltage Source Converter
MPP	-Maximum Power Point
PI	-Proportional Integral
SF-PLL	-Synchronous Frame-Phase Locked Loop
IGBT	-Integrated Gate Bipolar Transistor
LC Filter	-Inductor-Capacitor Filter
Vpv	-PV Array Voltage
LP	-Loop Filter
PD	-Phase Detection
VCO	-Voltage-Controlled Oscillator
PIC	-Peripheral Interface Controller

RMS	-Root Mean Square
IC	-Integrated Circuit
ADC	-Analog to Digital Converter
MOSFET	-Metal Oxide Semiconductor Field Effect Transistor
CMOS	Complementary Metal Oxide Semiconductor
TRIAC	-Triode Alternating Current
MATLAB	-Matrix Laboratory

CAPÍTULO 1: INTRODUÇÃO

1.1 VISÃO GERAL DO SISTEMA FOTOVOLTAICO EXISTENTE

Nos últimos anos, as fontes de energia não convencionais têm atraído uma atenção e um investimento notáveis devido às preocupações com as questões ambientais, ao aumento constante da procura mundial de energia e ao facto de as reservas de combustíveis fósseis estarem a diminuir. Entre as fontes de energia não convencionais, espera-se que os sistemas fotovoltaicos (PV) venham a desempenhar um papel importante no futuro e, como tal, um grande esforço de exploração é dedicado a melhorar o seu desempenho e eficiência ao nível dos componentes e do sistema. Como dois factores influentes no desempenho e na eficiência de um sistema fotovoltaico, o impacto das incompatibilidades caraterísticas entre as células fotovoltaicas e o fenómeno da queda de potência máxima devido ao sombreamento parcial têm sido objeto de intensa exploração.

Num sistema fotovoltaico, os módulos são ligados em série e em paralelo para permitir a produção e o processamento de energia a um nível de tensão e/ou corrente adequadamente elevado. No entanto, quando as células FV de um módulo estão sombreadas, sofrem uma queda de potência significativa e podem mesmo atuar como cargas para outras células e módulos (não sombreados). Este fenómeno pode provocar a formação de pontos quentes e potenciais danos na(s) célula(s) sombreada(s), para além de uma queda de potência máxima desproporcionada no conjunto global. Devido ao problema acima referido, os fabricantes instalam normalmente díodos de derivação em antiparalelo com cada grupo de células de um módulo. O rendimento energético reduzido continua a ser uma questão a resolver através de configurações de agrupamento de módulos FV mais eficazes e de algoritmos de seguimento do ponto de potência máxima (MPPT). Até agora, foram implementados vários métodos de configuração de conversores electrónicos de potência e de agrupamento de módulos FV para atenuar a queda de potência máxima devida ao sombreamento parcial. Para esta classe de sistemas FV, a forma como os módulos FV são agrupados desempenha um papel importante no desempenho do sistema FV em condições de sombreamento parcial.

As três configurações mais comuns de um conjunto fotovoltaico são a configuração série-paralela (SP), a configuração total de ligação cruzada (TCT) e a configuração de ligação em ponte (BL).

Este artigo tem como objetivo um sistema fotovoltaico trifásico de fase única que apresenta uma capacidade MPPT melhorada e um rendimento energético melhorado em condições de sombreamento parcial. Este artigo baseia-se no sistema fotovoltaico, a potência nominal de um sistema fotovoltaico de fase única ligado à terra pode ser duplicada, sem comprometer as normas prevalecentes de segurança/isolamento ou as práticas comuns de integração do sistema, o que é normalmente conseguido através da ligação em paralelo de dois sistemas fotovoltaicos independentes mais pequenos. Em alternativa, para uma dada potência nominal, espera-se que o sistema FV proposto ofereça uma eficiência comparativamente mais elevada devido ao seu nível de tensão mais elevado e ao esquema de dois MPPT melhorado. O sistema FV proposto é realizado através da ligação em paralelo de um conversor auxiliar de meia ponte à ligação CC de um sistema FV de fase única.

1.2 NECESSIDADE DO ESTUDO

O desempenho e a eficiência são os parâmetros no projeto do sistema fotovoltaico. Neste caso, o estudo é necessário para comparar e validar o desempenho do sistema fotovoltaico trifásico de fase única em interação com a rede, que utiliza o esquema de dois MPPT com o esquema de um MPPT. O conjunto fotovoltaico é ligado em paralelo com o conversor auxiliar de meia ponte para manter a tensão constante dos conjuntos fotovoltaicos (ou seja, conjunto fotovoltaico 1 e conjunto fotovoltaico 2) em vez da conversão de energia de duas fases, o conversor auxiliar de meia ponte mantém a tensão constante dos conjuntos fotovoltaicos. Neste sistema, um método de Perturbação e Observação (P&O) é adequado para seguir a potência máxima do conjunto de painéis fotovoltaicos e para melhorar a capacidade de potência do sistema.

O controlador de rede e o controlador MPPT são integrados para reduzir o volume do componente do sistema e o custo é reduzido. As técnicas de modulação de largura de pulso (PWM) são utilizadas para gerar o pulso de porta para o inversor interagido com a rede. Esta técnica permite manter as tensões de saída do inversor trifásico e reduzir a distorção harmónica total. A utilização eficiente da tensão de alimentação CC evita a comutação desnecessária nos inversores e reduz as perdas de comutação.

1.3 OBJECTIVO DO ESTUDO

O principal objetivo deste trabalho é a conceção e simulação de um sistema fotovoltaico trifásico de fase única interagido com a rede com dois esquemas MPPT para melhorar a capacidade de energia do sistema de utilidade.

1.4 DIAGRAMA DE BLOCOS DO SISTEMA FOTOVOLTAICO PROPOSTO

O diagrama de blocos abaixo mostra o sistema de distribuição trifásico monofásico ligado à rede com dois esquemas MPPT. O controlador da rede e o controlador MPPT estão integrados e a técnica de modulação por largura de impulsos é aplicada ao sistema de inversor trifásico ligado à rede.

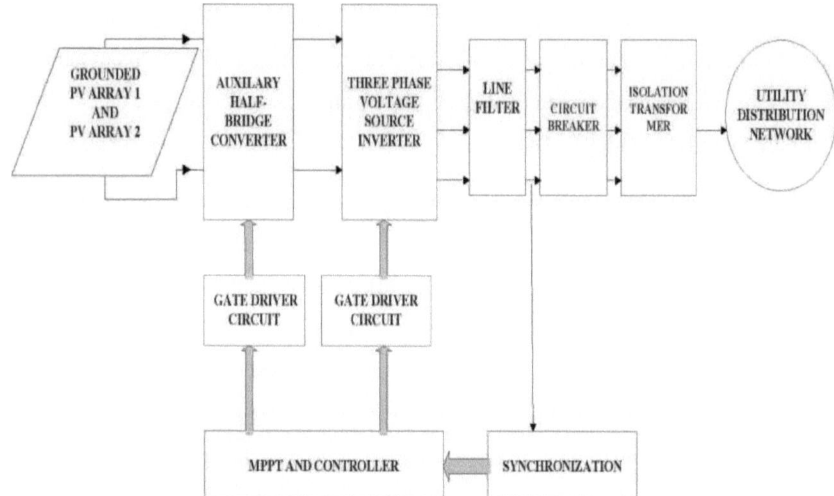

Fig.1.1 Diagrama de blocos do sistema fotovoltaico trifásico de fase única ligado à rede com dois esquemas MPPT

1.5 ORGANIZAÇÃO DA MONOGRAFIA

Neste trabalho, um sistema fotovoltaico trifásico de fase única ligado à rede com dois esquemas MPPT para melhorar a capacidade de potência do conversor: consiste numa matriz fotovoltaica em paralelo com um conversor auxiliar de meia ponte para um VSC trifásico através da sincronização com a rede eléctrica. Assim, a operação do sistema PV interagindo com a rede é simulada usando MATLAB/SIMULINK. A monografia está organizada da seguinte forma

Capítulo 1: Trata do esquema geral do sistema proposto, da necessidade do estudo e objetivo do estudo e diagrama de blocos.

Capítulo 2: Trata do levantamento da literatura sobre os tópicos relacionados.

Capítulo 3: Trata das caraterísticas das células fotovoltaicas, do conjunto fotovoltaico, da ligação à terra das células fotovoltaicas

matrizes, conversor auxiliar de meia-ponte, inversor, sincronização da rede.

Capítulo 4: Aborda os resultados da simulação e a discussão do sistema monofásico trifásico

sistema PV ligado à rede com dois esquemas MPPT com o sistema de software MATLAB/SIMULINK.

Capítulo 5: Trata da implementação do hardware, dos resultados e da discussão de sistemas fotovoltaicos trifásicos de fase única com dois esquemas MPPT.

Capítulo 6: Conclusão do sistema fotovoltaico trifásico de estágio único com dois MPPT esquema.

CAPÍTULO 2: REVISÃO DA LITERATURA

Amirnaser Yazdani et al sugeriram que o sistema trifásico ligado à rede com uma única técnica MPPT é proposto e o modelo é desenvolvido utilizando a equação do circuito básico da célula fotovoltaica, incluindo os efeitos da irradiação solar e as alterações de temperatura. O objetivo principal é encontrar os parâmetros da equação V-I ajustando a curva no seguimento do ponto de potência máxima em "A Single-Stage Three-Phase Photovoltaic System with Enhanced Maximum Power Point Tracking Capability and Increased Power Rating"

Mario Herr'anJonata,Fischer et al sugeriram a revisão de um modelo não linear de perturbação em tempo morto, que é depois utilizado para a geração de um sinal de compensação feed-forward que elimina a distorção da corrente associada aos efeitos de fixação da corrente em torno dos pontos de passagem de corrente zero. É proposto um novo esquema de ajuste adaptativo em malha fechada para afinar em tempo real os parâmetros do modelo de compensação, garantindo assim resultados precisos mesmo sob as condições de funcionamento altamente variáveis tipicamente encontradas nos sistemas fotovoltaicos devido à insolação, temperatura e efeitos de sombra em "Adaptive Dead-Time Compensation for Grid-Connected PWM Inverters of Single-Stage PV Systems"

Hamidreza Ghoddami et al sugeriram que a modelação do sistema fotovoltaico consiste em introduzir os principais componentes, modos de funcionamento/proteção e camadas/esquemas de controlo de sistemas fotovoltaicos de média e alta potência, para ajudar os engenheiros de energia a desenvolver modelos de simulação baseados em circuitos para estudos de avaliação do impacto, análise e identificação de potenciais problemas no que diz respeito à integração na rede de sistemas fotovoltaicos em "Modelling Guidelines and a Benchmark for Power System Simulation Studies of Three-Phase Single-Stage Photovoltaic Systems". A seleção de parâmetros, a afinação do controlo e as orientações de conceção são também brevemente discutidas no ambiente de software. No entanto, os modelos e técnicas apresentados neste documento são independentes de qualquer pacote de software específico de simulação de circuitos.

Scherpen et al sugeriram um sistema fotovoltaico monofásico de fase única ligado à rede com inversor central. Para além de tornar o sistema de circuito fechado globalmente estável, o controlador concebido é capaz de lidar com a incerteza do sistema que depende da irradiação solar. Um controlador adaptativo passivo não linear foi programado numa matriz de portas programáveis em campo em "LyapunovBased Control Scheme for Single-Phase Grid-Connected PV Central Inverters".

"A two-steps algorithm improving the P&O steady state MPPT efficiency", da autoria de Giovanni Spagnuolo, sugere a conceção de um algoritmo de seguimento do ponto de máxima potência (MPPT). Embora tenha sido proposto um grande número de abordagens na literatura, os métodos baseados em técnicas de perturbação e observação (P&O) são os mais utilizados em produtos comerciais. A razão está no facto de o P&O poder ser implementado em dispositivos digitais baratos, garantindo uma elevada robustez e uma boa eficiência do MPPT. Os baixos recursos de hardware exigidos pelo algoritmo P&O são especialmente úteis em arquitecturas MPPT distribuídas, onde o custo faz a diferença. As conclusões da análise teórica são validadas através de simulações e experiências.

"A Survey of Maximum PPT techniques of PV Systems", da autoria de Abdel-Moneim, sugere um estudo de diferentes técnicas de seguimento da potência máxima de pico (MPPT) utilizadas na implementação de sistemas de energia fotovoltaica. Discutirá diferentes técnicas utilizadas no seguimento da potência máxima em matrizes fotovoltaicas. Este documento pode ser considerado como uma conclusão, atualização e declaração de 19 técnicas MPPT em sistemas fotovoltaicos, ao mesmo tempo que resume 11 métodos MPPT adicionais.

Peng Zhang et al sugeriram que os métodos de seguimento do ponto de máxima potência (MPPT) são essenciais para que os sistemas fotovoltaicos (PV) tirem o máximo partido da energia solar disponível. O procedimento de ensaio e avaliação de qualquer novo método MPPT é um passo crucial para avaliar a sua robustez e desempenho. Os fabricantes de painéis fotovoltaicos especificam sempre tolerâncias de potência de saída, que variam entre ±2% e ±5%. Este documento destaca as principais deficiências dos anteriores procedimentos de teste do MPPT e propõe uma abordagem de teste abrangente utilizando testes de diferenças emparelhadas para avaliar o desempenho do MPPT. Em "Statistic and Parallel Testing Procedure for Evaluating Maximum Power Point Tracking Algorithms of Photovoltaic Power

Systems" (Procedimento de teste estatístico e paralelo para avaliar algoritmos de seguimento do ponto de potência máxima de sistemas de energia fotovoltaica)

"MATLAB-Based Modeling to Study the Effects of Partial Shading on PV Array Characteristics", da autoria de Vivek Agarwal, sugeriu que o desempenho de um conjunto fotovoltaico (PV) é afetado pela temperatura, isolamento solar, sombreamento e configuração do conjunto. Muitas vezes, os painéis fotovoltaicos são sombreados, total ou parcialmente, pelas nuvens que passam, edifícios e torres vizinhas, árvores e postes de eletricidade e de telefone. A situação é de particular interesse no caso de grandes instalações fotovoltaicas, como as utilizadas em esquemas de produção de energia distribuída. Em condições de sombra parcial, as caraterísticas fotovoltaicas tornam-se mais complexas com múltiplos picos. Este documento apresenta um esquema de modelação e simulação baseado em MATLAB adequado para estudar as caraterísticas I-V e P-V de um conjunto fotovoltaico sob um isolamento não uniforme devido a sombreamento parcial.

CAPÍTULO 3: METODOLOGIA

3.1 SISTEMA FOTOVOLTAICO

3.1.1 INTRODUÇÃO

Todos os dias, o sol fornece energia à terra de forma gratuita. Podemos utilizar esta energia gratuita graças a uma tecnologia chamada fotovoltaica, que converte a energia do sol em eletricidade. Os módulos ou painéis fotovoltaicos são feitos de semicondutores que permitem que a luz solar seja convertida diretamente em eletricidade. Estes módulos podem fornecer-lhe uma fonte de energia segura, fiável, sem manutenção e amiga do ambiente durante muito tempo. A maioria dos módulos atualmente no mercado tem garantias superiores a 20 anos e o seu desempenho será muito mais longo. Foram instalados milhões de sistemas em todo o mundo, com tamanhos que vão desde uma fração de watt até vários megawatts.

Atualmente, muitas tecnologias de energias renováveis estão bem desenvolvidas, são fiáveis e competitivas em termos de custos em relação aos geradores de combustíveis convencionais. O custo das tecnologias de energias renováveis está a diminuir e espera-se que continue a diminuir à medida que a procura e a produção aumentam. No entanto, os sistemas de energia solar utilizam tecnologias avançadas de eletrónica de potência e, por conseguinte, o foco desta tese será a produção de energia solar fotovoltaica com duas técnicas MPPT melhoradas. Uma das vantagens oferecidas pelas fontes de energia renováveis é o seu potencial para fornecer eletricidade sustentável em áreas não servidas pela rede eléctrica convencional. A maioria das tecnologias de energias renováveis produz energia dc, pelo que é necessário equipamento de eletrónica de potência e de controlo para converter a energia dc em energia ac. Os inversores são utilizados para converter a corrente contínua em corrente alternada. Existem dois tipos de inversores: autónomos e ligados à rede. Os dois tipos têm várias semelhanças, mas são diferentes em termos de funções de controlo. Os inversores interactivos à rede têm de seguir as caraterísticas de tensão e frequência da energia gerada pela rede pública apresentada na linha de distribuição. Para ambos os tipos de inversores, a eficiência de conversão é uma consideração muito importante. Entre todas as opções de energias renováveis, a tecnologia do sistema fotovoltaico (PV) está a amadurecer muito rapidamente. Na última década, registou-se um aumento acentuado da capacidade instalada de energia fotovoltaica em todo o mundo.

3.1.2 CÉLULA FV

As células fotovoltaicas (PV) ou solares, como são frequentemente designadas, são dispositivos semicondutores que convertem a luz solar em eletricidade de corrente contínua (DC). Os grupos de células fotovoltaicas são configurados eletricamente em módulos e matrizes, que podem ser utilizados para carregar baterias, acionar motores e alimentar qualquer número de cargas eléctricas. Com o equipamento de conversão de energia adequado, os sistemas fotovoltaicos podem produzir corrente alternada (CA) compatível com quaisquer aparelhos convencionais e funcionar em paralelo e interligados à rede eléctrica. Uma célula fotovoltaica de silício típica é composta por uma bolacha fina que consiste numa camada ultrafina de silício dopado com fósforo (tipo N) sobre uma camada mais espessa de silício dopado com boro (tipo P). É criado um campo elétrico perto da superfície superior da célula, onde estes dois materiais estão em contacto, designado por junção P-N. Quando a luz solar incide sobre a superfície de uma célula fotovoltaica, este campo elétrico dá impulso e direção aos electrões estimulados pela luz, resultando num fluxo de corrente quando a célula solar está ligada a uma carga eléctrica.

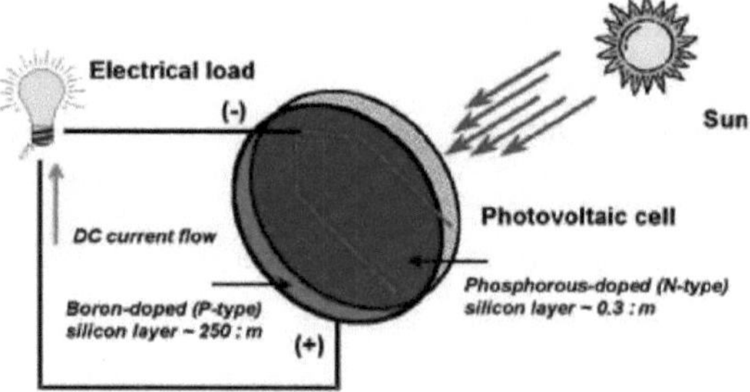

Fig. 3.1 Diagrama da célula fotovoltaica

3.1.3 MÓDULOS E MATRIZES FOTOVOLTAICOS

As células fotovoltaicas são ligadas eletricamente em circuitos em série e/ou em paralelo para produzir tensões, correntes e níveis de potência mais elevados. Os módulos fotovoltaicos consistem em circuitos de células FV selados num laminado de proteção ambiental e são o elemento fundamental dos sistemas FV. Os painéis fotovoltaicos incluem um ou mais módulos FV montados como uma unidade pré-cablada e instalável no terreno. Um conjunto fotovoltaico é a unidade completa de produção de energia que consiste em qualquer número de módulos e conjuntos fotovoltaicos.

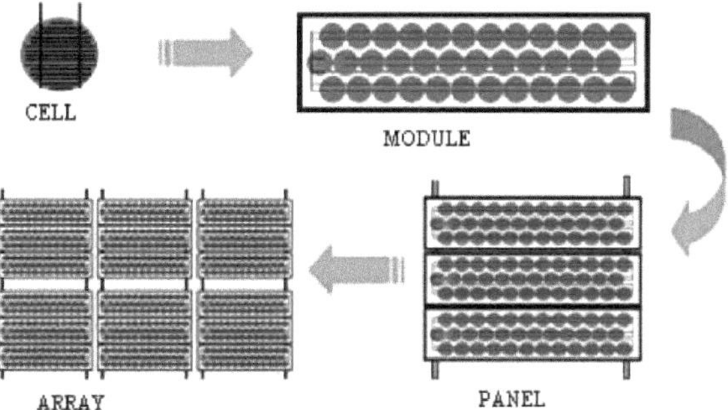

Fig.3.2 Célula fotovoltaica, módulo, painel e matriz

O desempenho dos módulos e matrizes fotovoltaicos é geralmente classificado de acordo com a sua potência máxima de saída DC (watts) em condições de ensaio normalizadas (STC). As condições de teste padrão são definidas por uma temperatura de funcionamento do módulo (célula) de 25° C (77 F) e um nível de irradiação solar incidente de 1000 W/m^2 e sob distribuição espetral Air Mass 1.5. Uma vez que estas condições nem sempre são típicas da forma como os módulos e matrizes fotovoltaicos funcionam no terreno, o desempenho real é normalmente 85 a 90 por cento da classificação STC. A maioria dos principais fabricantes oferece garantias de vinte ou mais anos para manter uma elevada percentagem da potência nominal inicial. Ao selecionar os módulos FV, procure a lista de produtos, os testes de qualificação e as informações sobre a garantia nas especificações do fabricante do módulo. Em termos simples, os sistemas fotovoltaicos são como quaisquer outros sistemas de produção de energia eléctrica; apenas o equipamento utilizado é diferente do utilizado nos sistemas de produção electromecânicos convencionais. No entanto, os princípios de funcionamento e a interface com outros sistemas eléctricos permanecem os mesmos e são orientados por um conjunto bem estabelecido de códigos e normas eléctricas. Embora um gerador fotovoltaico produza energia quando exposto à luz solar, são necessários vários outros componentes para conduzir, controlar, converter, distribuir e armazenar corretamente a energia produzida pelo gerador.

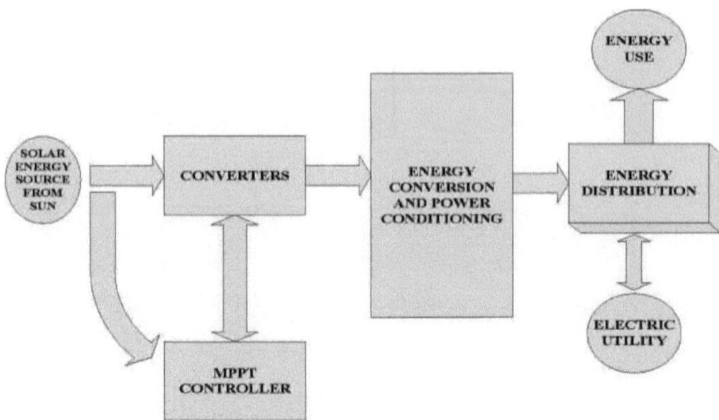

Fig 3.3 Principais componentes do sistema fotovoltaico de conversão de energia

3.1.4 ESPECIFICAÇÃO DO MÓDULO FOTOVOLTAICO E DA CÉLULA

A tabela 3.1 abaixo representa as caraterísticas eléctricas do módulo FV e da célula FV. A tabela contém os parâmetros do módulo FV e os seus valores. O número de células ligadas em série é 54 (por módulo) e a resistência equivalente em série e em paralelo com o fator de dualidade é constante para os conjuntos FV. O modelo representa o efeito agregado de N_p cadeias ligadas em paralelo de N_s módulos FV idênticos ligados em série. Cada módulo do conjunto é designado por "módulo FV" e assume-se que consiste em células FV básicas ligadas em série.

Caraterísticas eléctricas do módulo FV	**Valores**
Número de células fotovoltaicas em série por módulo	54
Corrente nominal de curto-circuito do módulo	8.21 A
Tensão nominal de circuito aberto do módulo	32.9 V
fator de dualidade da junção p-n	1.3
Resistência série equivalente	0,231 ohm

Resistência paralela equivalente	598,4 ohm
Irradiância solar nominal	1,0 kW/m^2

Tabela 3.1 Caraterísticas eléctricas do módulo fotovoltaico

A tabela 3.2 mostra as caraterísticas eléctricas das células fotovoltaicas, cada matriz tem uma tensão de 1036 volts e a corrente é de 8,21 A

Caraterísticas eléctricas da célula fotovoltaica	**Valores**
Número de módulos por matriz fotovoltaica	32
Corrente nominal de curto-circuito do módulo	8.21 A
Tensão nominal de circuito aberto do módulo	0.6 V
fator de dualidade da junção p-n	1.3
Resistência série equivalente	0,00427 ohm
Resistência paralela equivalente	598,4 ohm
Irradiância solar nominal	1,0 kW/m^2

Tabela 3.2 Caraterísticas eléctricas da célula fotovoltaica

3.1.5 MODELAÇÃO DO MÓDULO FOTOVOLTAICO

A utilização de circuitos eléctricos equivalentes permite modelar as caraterísticas de uma célula e de um módulo FV. As caraterísticas da célula fotovoltaica foram simuladas em MATLAB.

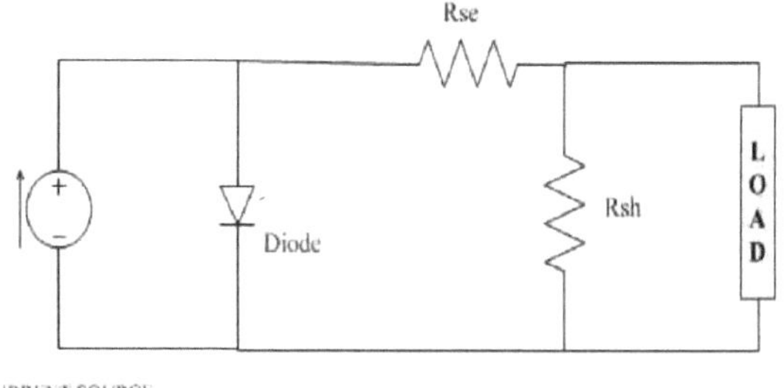

Fig.3.4 Circuito equivalente da célula fotovoltaica

O modelo mais simples de uma célula fotovoltaica é apresentado abaixo como um circuito equivalente que consiste numa fonte de corrente ideal em paralelo com um díodo ideal. A fonte de corrente representa a corrente gerada por fotões (frequentemente designada por I_{ph} ou I_L), sendo a sua saída constante a uma temperatura constante e a uma radiação de luz incidente constante. A corrente gerada pelos fotões sairá da célula como uma corrente de curto-circuito (I_{sc}),

$$I_{ph} = I_{sc}$$

Quando não há ligação entre as células FV (circuito aberto), a corrente gerada pelos fotões é desviada internamente pelo díodo de junção p-n intrínseco. Isto dá a tensão de circuito aberto (V_{oc}). Os fabricantes de módulos ou células FV fornecem normalmente os valores destes parâmetros nas suas folhas de dados. A corrente de saída (I) da célula FV é encontrada aplicando a lei da corrente de Kirchoff (KCL) no circuito equivalente apresentado na figura acima. $I_{sc} - I_d - Vd/R_p - I_{PV} = 0$ .... (1)

Onde: I_{sc} é a corrente de curto-circuito que é igual à corrente gerada pelos fotões

I_d é a corrente desviada através do díodo intrínseco

Vd é a tensão através do díodo (V)

Rp é a resistência paralela (ohm)

R_s é a resistência em série (ohm)

A corrente do díodo I_d é dada pela equação do díodo de Shockley

$I_d = I_0(e^{qVd/KT} - 1)$ .... (2)

Onde: I0 é a corrente de saturação inversa do díodo (A)

Q é a carga do eletrão ($1{,}602 \cdot 10^{-19}$ C)

V_d é a tensão através do díodo (V)

K é a constante de Boltzmann ($1{,}381 \cdot 10^{-23}$ J/K)

T é a temperatura da junção em Kelvin (K)

Aplicando a lei da tensão de Kirchoff (KVL) no circuito equivalente mostrado na figura

$V_{PVcell}=V_d-R_sI_{PV}$ .... (3)

Substituindo o I_d da equação (1) pela equação (2), obtém-se a relação corrente-tensão da célula FV.

$I=I_{sc}-I_0(e^{qV/KT}-1)$ .... (4)

Onde: V é a tensão através da célula fotovoltaica e I é a corrente de saída da célula

A corrente de saturação inversa do díodo (I_0) é a constante a uma temperatura constante e é encontrada definindo a condição de circuito aberto. Utilizando a equação (4), deixe I=0 (sem corrente de saída) e resolva para I_0.

$I_o=I_{sc}/(e^{qVoc/KT}-1)$ .... (5)

Para uma aproximação muito boa, a corrente gerada por fotões, que é igual a I_{sc} é diretamente proporcional à irradiância, a intensidade da iluminação, para a célula PV. Assim, a válvula I_{sc} é conhecida a partir da folha de dados sob a condição de teste padrão. A saída da célula FV é limitada pela corrente e pela tensão da célula e só pode produzir uma potência com quaisquer combinações de corrente e tensão na curva V-I e na curva P-V. Também mostra que a corrente da célula é proporcional à irradiância.

3.1.6 TÉCNICA MPPT

Os painéis fotovoltaicos de uma matriz têm caraterísticas I-V determinadas em função da temperatura do módulo e da irradiação solar momentânea, cujo ponto determinado é denominado Ponto de Potência Máxima (MPP). O conversor deve atuar o mais rapidamente possível e manter-se no MPP o mais possível dentro de valores variáveis de irradiação e temperatura. A procura constante do melhor ponto é efectuada pelo MPPT. O ponto de potência máxima é o ponto que desenvolve a potência máxima. Nesta tese, o método P&O é implementado.

3.1.7 ALGORITMO DE PERTURBAÇÃO E OBSERVAÇÃO (P&O)

A subida em colina envolve uma perturbação no rácio de funcionamento do conversor de potência. No caso de um conjunto FV ligado a um conversor de potência, a perturbação do rácio de serviço do conversor de potência perturba a corrente do conjunto FV e, consequentemente, perturba a tensão do conjunto FV; os métodos de subida em colina e P&O são duas formas diferentes de executar o mesmo método fundamental. Pode ver-se na curva C/Cs da potência FV; Fig. 3.5, que o aumento ou diminuição da tensão aumenta ou diminui a potência quando o ponto de funcionamento está à esquerda do MPP, e diminui ou aumenta a potência quando está à direita do MPP. O processo é repetido periodicamente até que o MPP seja atingido. O sistema oscila então em torno do MPP. Esta oscilação pode ser minimizada reduzindo o tamanho do passo da perturbação. No entanto, um tamanho de perturbação menor torna o MPPT mais lento. É proposto um algoritmo de dois estágios que oferece rastreamento de aster na primeira etapa. Os métodos Hill climbing e P&O podem falhar quando as condições atmosféricas mudam rapidamente, como ilustrado na Fig. 3.6. Partindo de um ponto de funcionamento A, ou seja, é utilizada a curva P1, se as condições atmosféricas se mantiverem aproximadamente constantes, uma perturbação Δ *V* na tensão fotovoltaica *V* levará o ponto de funcionamento para o ponto B e, consequentemente, a perturbação será invertida devido a uma diminuição da potência.

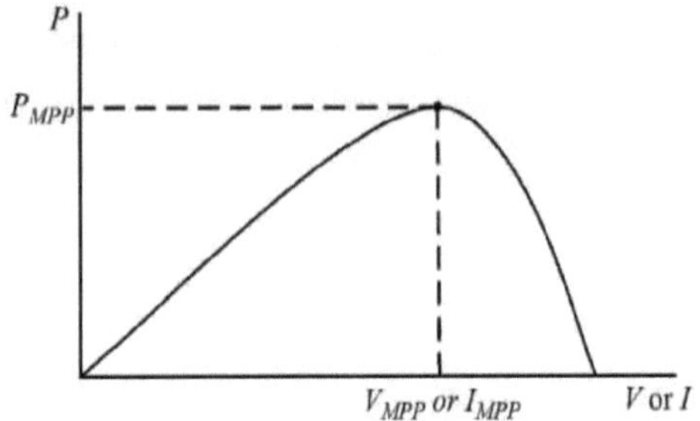

Fig.3.5 Caraterísticas I-V da célula FV utilizando a técnica P&O

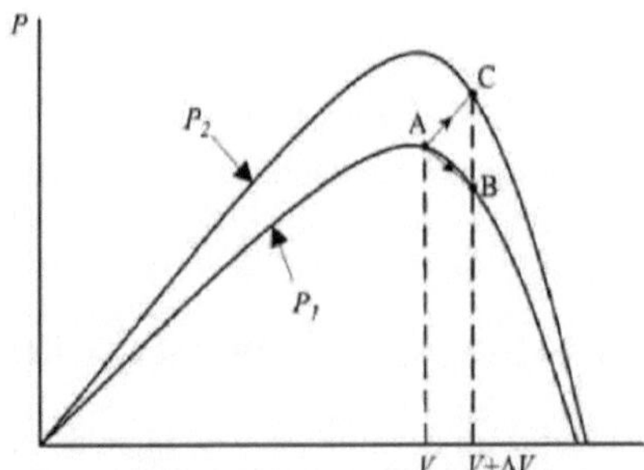

Fig.3.6 Caraterísticas P-V da célula PV usando a técnica P&O

No entanto, se a irradiância aumentar e deslocar a curva de potência de *P1* para *P2* num período de amostragem, o ponto de funcionamento deslocar-se-á do ponto A para C. Isto representa um aumento de potência devido à nova curva P2, enquanto a perturbação se mantém igual.

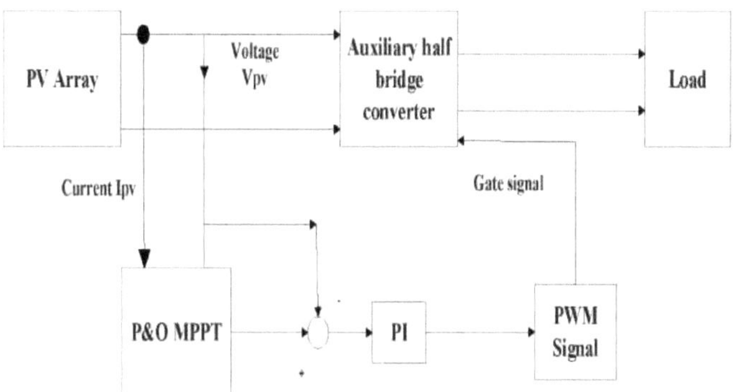

Fig 3.7 Diagrama de blocos do método P&O

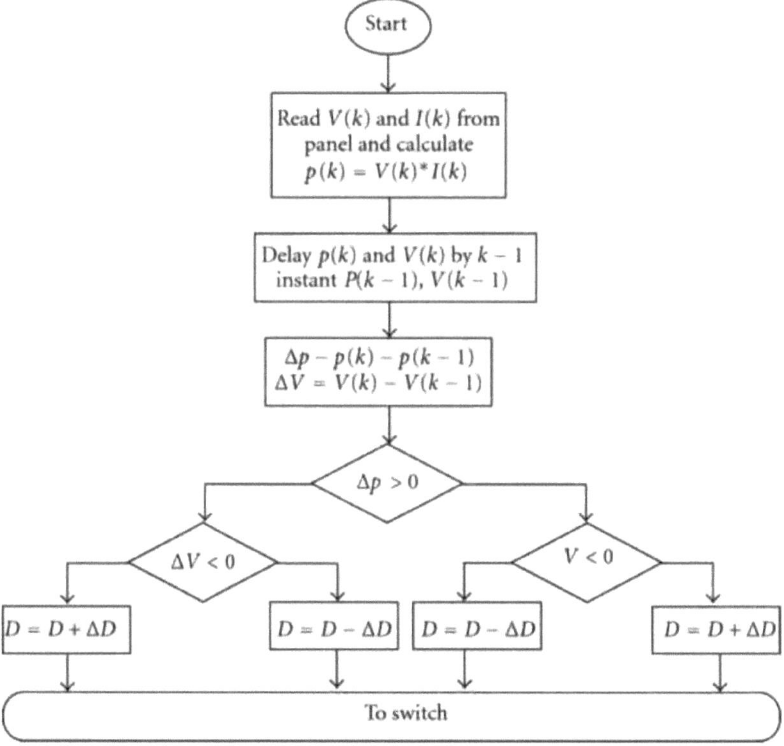

Fig 3.8 Fluxograma do método P&O

3.1.8 COMPARAÇÕES ENTRE OS REGIMES DE MPPT SIMPLES E DUPLO

Muitas das aplicações preferem dois strings ou mais de dois strings com MPPTs duplos, o que é melhor do que um esquema MPPT. Para validar as afirmações acima, o quadro abaixo explica claramente.

Atributo do inversor único	Individual MPPT	Duplo MPPT
Permitir a ligação de matrizes com diferentes ângulos de azimute solar	Não*	Sim
Permitir a ligação de matrizes com diferentes ângulos de inclinação solar	Não*	Sim
Permitir a ligação de matrizes com diferentes comprimentos de cadeia	Não*	Sim
Permitir a ligação de cadeias de módulos diferentes	Não*	Sim
Permitir a ligação de mais de duas cordas sem fusão do combinador	Não**	Sim
Proporcionar uma melhor granularidade de monitorização	Não	Sim
* Pode ser feito, mas resulta em baixa eficiência de colheita, menor energia colhida ** Viola os requisitos do NEC. O MPPT duplo fornece dois canais e o código permite duas cadeias por entrada, sem necessidade de fusíveis		

Tabela 3.3 Comparações entre o esquema MPPT duplo e o esquema MPPT simples

Considerando as entradas na tabela, um inversor com funcionalidade MPPTT dupla permite uma flexibilidade de conceção do sistema muito maior, poupanças de custos significativas e níveis mais elevados de energia colhida. A ligação de duas matrizes com azimutes ou inclinações solares diferentes, comprimentos de string (Voc) diferentes ou módulos fotovoltaicos diferentes a um inversor MPPT de canal único resultaria num sistema altamente ineficiente e, em alguns casos, inseguro.

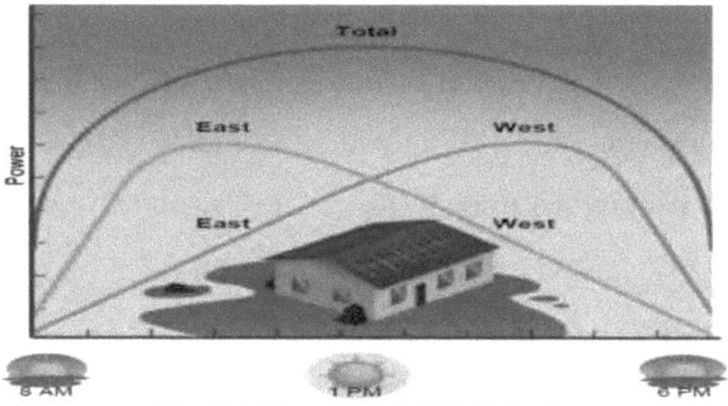

Fig 3.9 Esquema MPPT duplo

Ao acomodar duas matrizes montadas em diferentes ângulos de azimute e/ou inclinação, diferentes comprimentos de string - até mesmo diferentes módulos - num único inversor, aumenta as opções de design para os instaladores porque elimina a necessidade de um segundo inversor em muitas situações. O seguimento do ponto de potência máxima maximiza a recolha de energia durante as diferentes horas do dia, através da alteração das condições climatéricas, com a alteração da inclinação dos telhados e um número diferente de painéis solares por string.

Além disso, mesmo para sistemas fotovoltaicos com todos os strings virados para a mesma direção, a utilização da função MPPT dupla é uma melhor escolha. Suponha que um sistema tem quatro strings, todas num telhado plano. Se for utilizado um único canal MPPT para as ligar ao inversor - para além de ser necessário um combinador externo - se uma string estiver danificada ou sujeita a taxas de sujidade mais elevadas ou a problemas de sombreamento, isso afectará a produção de *todo o* conjunto e resultará numa menor produção global de energia. Dividir o conjunto em dois segmentos em dois canais MPPT melhorará a recolha do sistema, porque se uma corda/conjunto estiver danificada ou suja, a potência de saída do conjunto "bom" no segundo MPPT continuará a fornecer a potência total, proporcionando assim um rendimento mais elevado do que no caso de um único MPPT. Além disso, em sistemas que requerem atenuação da sombra, uma entrada MPPT pode operar o conjunto sombreado e a outra o conjunto não sombreado. Historicamente, sem a funcionalidade MPPT dupla, a interconexão eficiente de matrizes em dois azimutes diferentes exigia dois inversores separados, acrescentando custos significativos de material e mão de obra à instalação. O MPPT duplo proporciona ao instalador um sistema mais rápido e menos dispendioso, com a capacidade de lidar com superfícies de telhado grandes e pequenas com azimutes diferentes - tudo utilizando um único inversor. Esta é uma óptima representação da flexibilidade que os MPPT duplos proporcionam. Estes conjuntos de painéis solares estão virados para Sudeste e Sudoeste (dois azimutes diferentes) e têm um número diferente de painéis solares por string. Os painéis triangulares têm 72W, enquanto os painéis rectangulares têm 144W. Os inversores com canais MPPT podem acomodar estes painéis com uma colheita de energia optimizada para um custo de instalação e de material inferior ao da utilização de um único inversor.

Combinar até quatro cadeias de módulos FV a um único inversor sem caixas combinadoras externas adicionais poupa tempo e materiais. A exceção da secção 690.9 do NEC permite ligar duas cadeias fotovoltaicas a uma única entrada de um inversor sem um fusível combinador em cada cadeia. Isto desde que a cablagem do string seja dimensionada corretamente e não existam outras fontes de corrente que possam retroalimentar os strings. Se um inversor tiver dois canais MPPT independentes, podem ser ligados até dois strings por canal MPPT sem fusíveis combinadores em cada string. Por conseguinte, um inversor com canais MPPT duplos pode ter até quatro strings ligadas sem qualquer hardware de combinação externo.

3.2 AUXILIAR DO CONVERSOR DE MEIA-PONTE

O conversor auxiliar de meia-ponte é constituído por uma perna de transístor de meia-ponte, um reator, um divisor de tensão capacitivo em derivação e os dois díodos de bloqueio inverso D1 e D2. O reator liga o lado CA da perna do conversor de meia-ponte ao ponto central do divisor de tensão capacitivo, que, por sua vez, está ligado ao ponto de terra do conjunto fotovoltaico. Os dois transístores da perna do conversor de meia-ponte são modulados por largura de impulsos de forma complementar e controlam a tensão do terminal de terra do gerador fotovoltaico. Esta configuração permite o controlo independente das tensões Vpv1 e Vpv2, favorecendo um melhor desempenho dos dois MPPT em diferentes condições de irradiação.

A figura 3.10 mostra o conversor auxiliar de meia-ponte com L e R representando o reator, respetivamente. As matrizes fotovoltaicas são ligadas em paralelo com o conversor auxiliar de meia-ponte como módulo que em paralelo com a ligação dc do conversor trifásico de fonte de tensão com sistema ligado à rede.

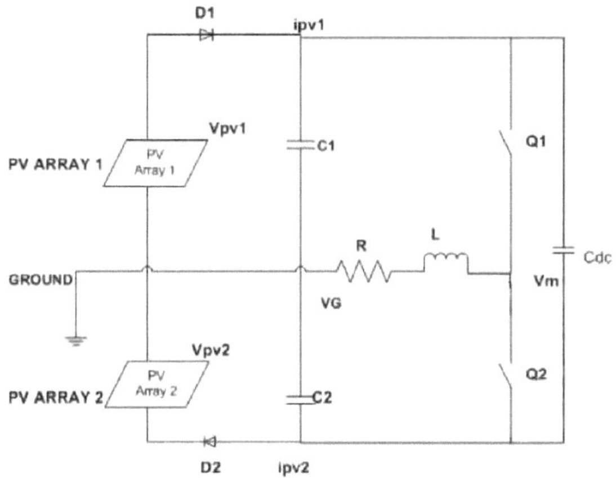

Fig 3.10 Diagrama esquemático do conversor auxiliar de meia ponte

3.2.1 PARÂMETROS CONVERSOR AUXILIAR DE MEIA-PONTE

S.n.	Parâmetros	Valores
1	Tensão dos painéis fotovoltaicos 1 e 2	600
2	Condensadores (C1,C2)	500uf cada
3	Resistência (R)	4,3mohm
4	Indutor (L)	200uH
5	Cdc	5000uf

Tabela 3.4 Parâmetros e valores dos conversores auxiliares de meia ponte

3.3 SISTEMA FOTOVOLTAICO TRIFÁSICO COM INTERACÇÃO COM A REDE

3.3.1 INTRODUÇÃO

O núcleo do sistema FV é um conversor alimentado por tensão (VSC) que faz a interface entre um conjunto FV e a rede eléctrica pública. O conjunto fotovoltaico é ligado ao lado CC do VSC através de um díodo de bloqueio inverso em série, enquanto o lado CA do VSC é ligado à rede no ponto de acoplamento comum (PCC) através de um filtro LC trifásico e de um transformador de acoplamento. O díodo de bloqueio inverso impede o fluxo de corrente do VSC para o gerador fotovoltaico se a irradiação solar for baixa. O filtro LC impede que a tensão de comutação e os harmónicos de corrente gerados pelo VSC penetrem na rede. O VSC utiliza a estratégia de comutação de modulação de largura de pulso (PWM) e controla a potência real e reactiva fornecida à rede. Isto, por sua vez, torna possível a regulação da tensão do conjunto fotovoltaico (DC) e permite o MPPT. O capacitor de ligação CC C_{dc} fornece um caminho de baixa impedância para os componentes de alta frequência da corrente do lado CC do VSC e, portanto, elimina a ondulação da tensão de ligação CC. O controlo é exercido num quadro dq que é sincronizado com o vetor de tensão da rede, por exemplo, através de um loop bloqueado por fase (PLL). O sistema fotovoltaico de estágio único de dois-MPPT nesta tese é realizado através de modificações feitas no sistema fotovoltaico.

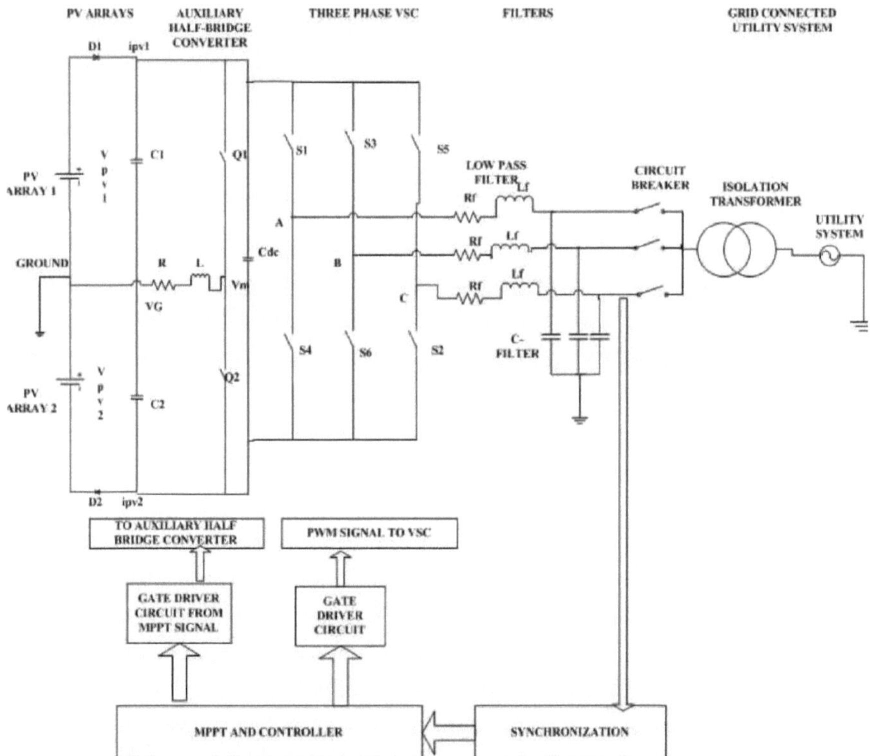

Fig 3.11 Diagrama esquemático de um sistema fotovoltaico trifásico monofásico com duas MPPTT

3.3.2 CONVERSOR DE ELECTRÓNICA DE POTÊNCIA

Nos esquemas baseados no conversor de fonte de tensão (VSC) descritos, a comutação do transístor bipolar de porta isolada (IGBT) segue um padrão de modulação de largura de impulsos (PWM). Este controlo de comutação permite o ajuste simultâneo da amplitude e do ângulo de fase da tensão de saída CA do conversor com uma tensão CC constante, mesmo com um conversor auxiliar de meia ponte de dois níveis. Com estas duas variáveis de controlo independentes, podem ser utilizados circuitos de controlo de potência ativa e reactiva separados para a regulação. O circuito de controlo da potência ativa pode ser definido para controlar a potência ativa ou a tensão do lado CC. Numa ligação CC, uma estação será selecionada para controlar a potência ativa, enquanto a outra deve ser definida para controlar a tensão do lado CC.

O circuito de controlo da potência reactiva pode ser definido para controlar a potência reactiva da tensão do lado CA. Qualquer um destes dois modos pode ser selecionado independentemente em qualquer uma das extremidades da ligação CC. Os filtros de linha trifásicos são ligados entre o disjuntor e o inversor, o filtro passa-baixo ligado em série com a carga e o filtro capacitivo ligado em derivação com a carga trifásica.

3.3.3 PARÂMETROS DO CONVERSOR DE ELECTRÓNICA DE POTÊNCIA

S.n.	Parâmetros	Valores
1	Tensão de alimentação DC	600 Volts
2	Rf	3,8mohm
3	Lf	100uH
4	Cf	369uf

Tabela 3.5 Parâmetros e valores dos conversores de potência

3.3.4 SINCRONIZAÇÃO DA REDE COM A REDE ELÉCTRICA

O sistema fotovoltaico da Fig. 3.10 cumpre uma série de objectivos operacionais em condições normais e de falha. Em condições normais de funcionamento, quatro esquemas de controlo, nomeadamente 1) o esquema de controlo da potência real e reactiva; 2) o esquema de controlo da tensão do elo de corrente contínua; 3) o esquema MPPT; e 4) o esquema de controlo da tensão CA e VAr, cooperam numa arquitetura de controlo aninhada. Assim, o esquema MPPT emite a referência de tensão do elo de corrente contínua para o circuito de controlo da tensão do elo de corrente contínua. Por sua vez, o circuito de controlo da tensão do elo de corrente determina a referência de potência real para o esquema de controlo da potência real e reactiva. Por outro lado, o esquema de controlo da VAr e da tensão CA determina a referência de potência reactiva, com base no modo de funcionamento desejado (ou seja, apoio à VAr ou regulação da tensão CA).

3.4 ESQUEMA DE SINCRONIZAÇÃO PLL

A solução de sincronização mais amplamente aceite para um sinal variável no tempo pode ser descrita pela estrutura básica apresentada em forma de diagrama de blocos na Fig. 3.11, em que a diferença entre o ângulo de fase do sinal de entrada e o do sinal de saída é medida pela deteção de fase (PD) e passada através do filtro de laço (LF). O sinal de saída do LF acciona o oscilador controlado por tensão (VCO) para gerar o sinal de saída, que pode seguir o sinal de entrada.

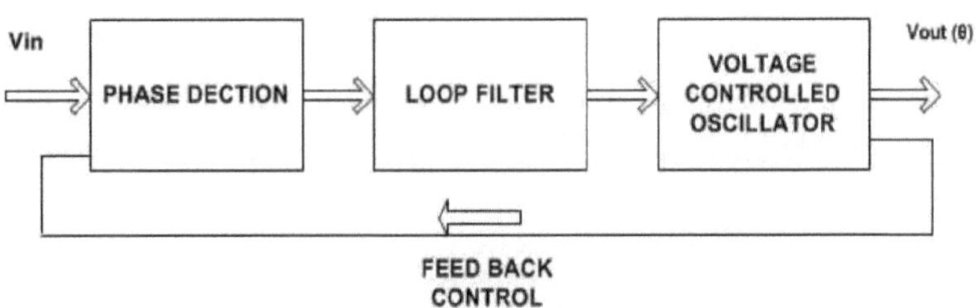

Fig 3.12Diagrama de blocos da sincronização em malha fechada

3.5 LAÇO BLOQUEADO DE FASE DE QUADRO SÍNCRONO

O PLL de quadro síncrono (SF-PLL) é amplamente utilizado em sistemas trifásicos. O diagrama de blocos do SF-PLL é ilustrado na Fig.3.12, onde o ângulo de fase instantâneo é detectado através da sincronização do quadro de referência rotativo do PLL com o vetor de tensão da rede eléctrica. O controlador PI ajusta a tensão de referência do eixo direto ou em quadratura V_d ou V_q para zero, o que resulta no bloqueio da referência ao ângulo de fase do vetor de tensão da rede pública. Além disso, a frequência da tensão f e a amplitude Vm podem ser obtidas como subprodutos. Em condições ideais, sem quaisquer distorções harmónicas ou desequilíbrios, o SF-PLL com uma largura de banda elevada pode permitir uma deteção rápida e precisa da fase e da amplitude do vetor de tensão da rede eléctrica. No caso de a tensão da rede pública estar distorcida com harmónicas de ordem superior, o SF-PLL pode ainda funcionar se a sua largura de banda for reduzida à custa da redução da velocidade de resposta do PLL, a fim de rejeitar e cancelar o efeito destas harmónicas na saída. No entanto, a redução da largura de banda do PLL não é uma solução na presença de tensões desequilibradas no sistema da concessionária.

Isto é, os valores da amplitude, do ângulo de fase e da frequência fornecidos pela SRF-PLL não são informações de fase individual, mas sim informações médias, e a SRF-PLL não pode ser aplicada a sistemas monofásicos de uma forma direta. No entanto, fornece uma estrutura útil para PLLs monofásicos, desde que seja criado o componente ortogonal deslocado de 90 graus do sinal de entrada monofásico.

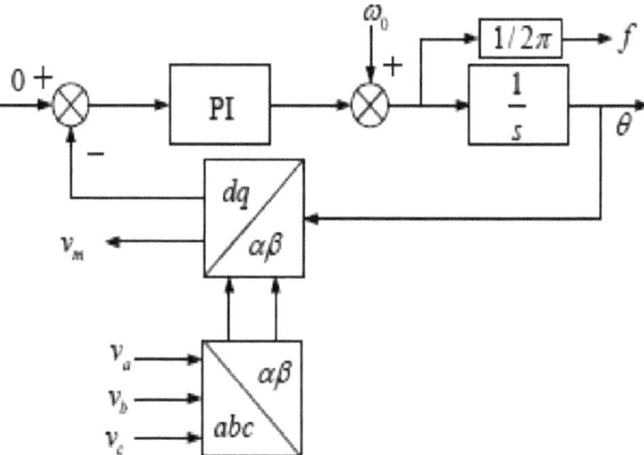

Fig.3.13 Diagrama de blocos do SF-PLL

CAPÍTULO 4: RESULTADOS DA SIMULAÇÃO E DISCUSSÃO

Um sistema fotovoltaico trifásico de fase única ligado à rede com dois esquemas MPPT é simulado utilizando o software MATLAB/SIMULINK. Os resultados simulados são discutidos para o sistema fotovoltaico.

4.1 MODELO DE SIMULADOR DAS CARACTERÍSTICAS DA CÉLULA FOTOVOLTAICA

O modelo de simulação abaixo mostra as caraterísticas da célula fotovoltaica com um nível de irradiação constante.

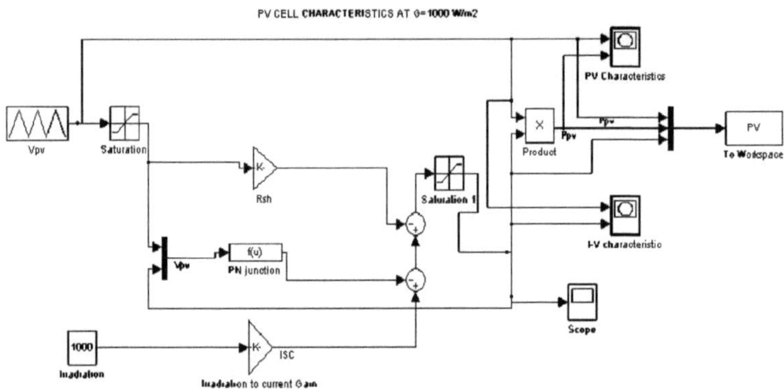

Fig 4.1 Modelo Simulink da Célula FV

4.2 CARACTERÍSTICAS DO MODELO DE CÉLULA PV COM DIFERENTES IRRADIAÇÕES

A Fig.4.2 descreve as caraterísticas corrente-tensão e potência-tensão do modelo de célula FV com diferentes condições de irradiação aplicadas à célula FV. A irradiação para a primeira condição é G=1000 W/m^2 .

A Fig. 4.3 descreve as caraterísticas da célula FV sob um nível de irradiação de G=200 W/m2 . Para diferentes níveis de irradiação, a potência de saída da célula fotovoltaica é variada.

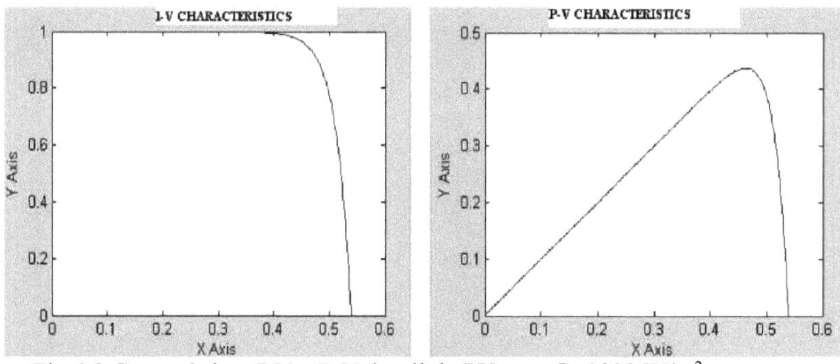

Fig 4.2 Caraterísticas I-V e P-V da célula PV com G=1000 W/m^2

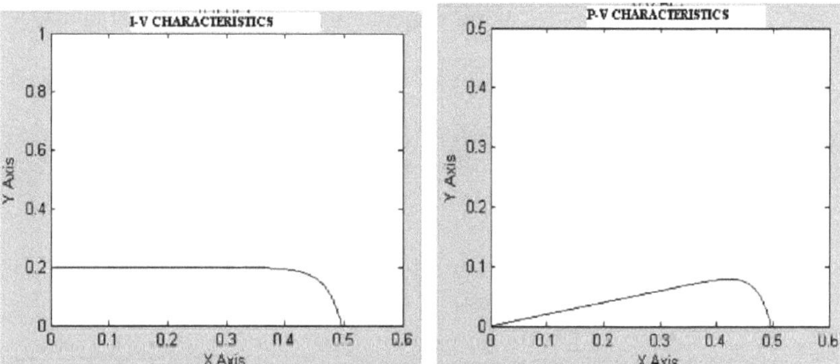

Fig 4.3 Caraterísticas I-V e P-V da célula PV com G=200 W/m2

4.3 COMPARAÇÕES ENTRE O REGIME DE UM E DOIS MPPT

O modelo do simulador de um e dois esquemas MPPT foi demonstrado utilizando a simulação MATLAB. O método P&O é utilizado para monitorizar a potência máxima do conjunto fotovoltaico. O modelo de simulação apresentado na Fig. 4.4 utiliza o método MPPT simples e a sua potência máxima é monitorizada em 323 watts.

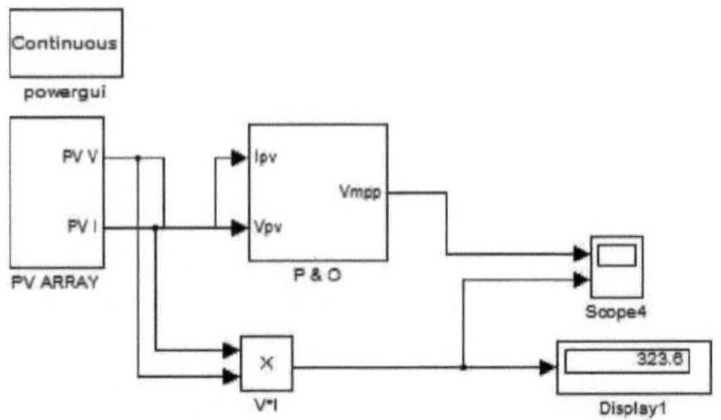

Fig. 4.4 Modelo do Simulink de um conjunto fotovoltaico com MPPT simples

O modelo abaixo representa dois conjuntos fotovoltaicos com irradiação diferente e, neste caso, são simulados dois métodos MPPT e a potência máxima é monitorizada a partir de conjuntos fotovoltaicos de 646 e 129 watts, respetivamente.

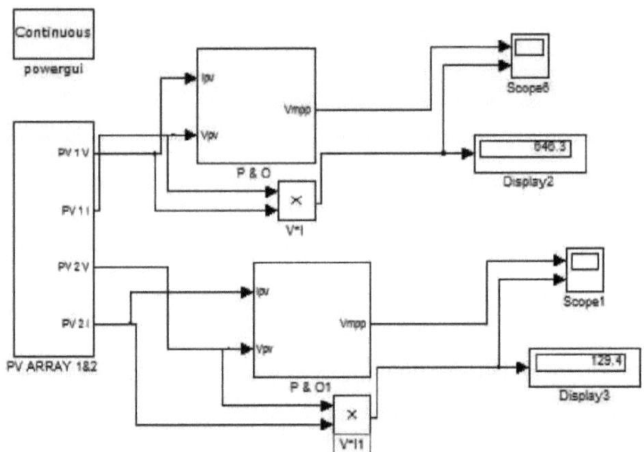

Fig 4.5 Modelo do Simulink de um conjunto de painéis fotovoltaicos com dois MPPT

4.4 MODELO EM SIMULADOR DO INVERSOR TRIFÁSICO SEM FILTRO

A Fig. 4.6 representa o modelo MATLAB/SIMULINK do inversor trifásico sem filtro, ligando uma carga trifásica RL.

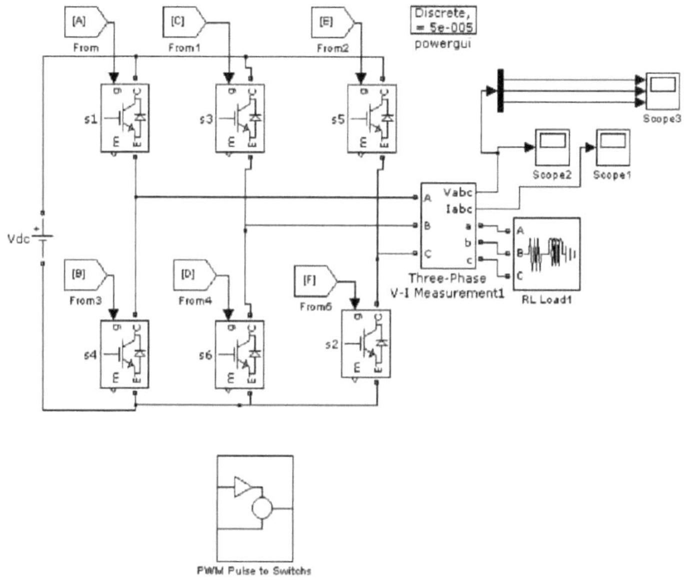

Fig 4.6 Modelo Simulink do VSC

4.5 TENSÕES TRIFÁSICAS DE LINHA E DE FASE DO VSC SEM FILTRO

A Fig. 4.7 representa as tensões de fase de saída do inversor trifásico V_R , V_Y e v_B. A tensão máxima de pico a pico do conversor trifásico é de 400 volts por fase. A Fig. 4.8 representa a tensão de linha do conversor trifásico com fonte de tensão.

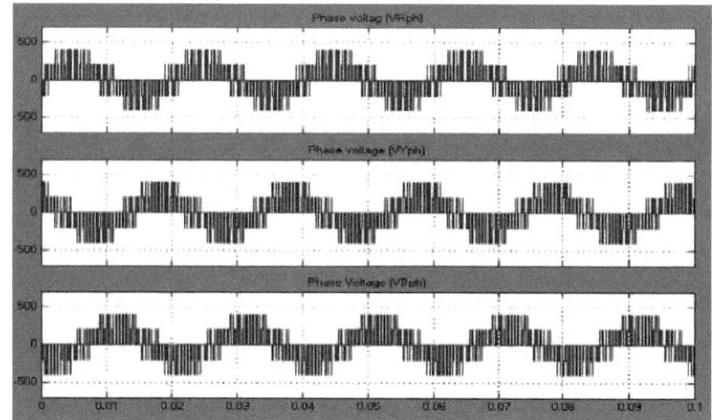

Fig 4.7 Tensões de fase do VSC trifásico

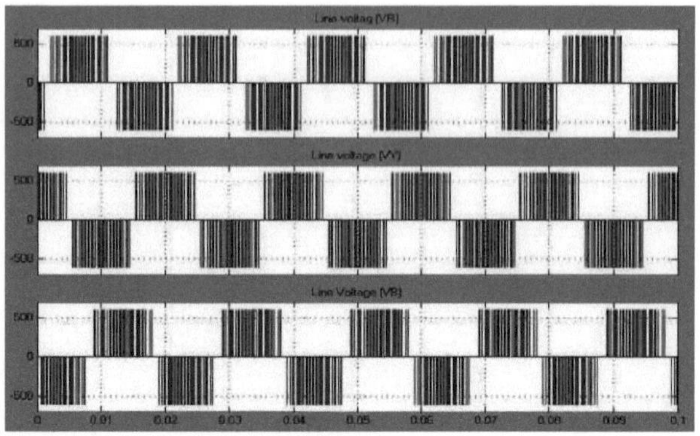

Fig 4.8 Tensões de linha do VSC trifásico

4.6 ANÁLISE DA DISTORÇÃO HARMÓNICA TOTAL DO INVERSOR SEM FILTRO

A figura 4.9 representa a análise da distorção harmónica total para o conversor de fonte de tensão sem circuito de filtragem. O nível de ordem harmónica aumenta em relação à frequência fundamental.

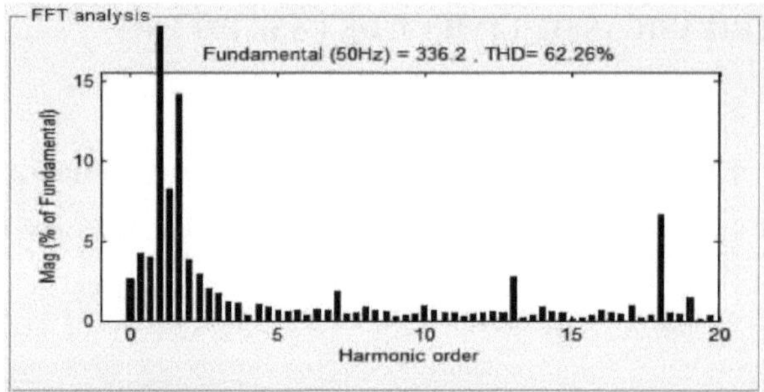

Fig 4.9 Distorção harmónica total do VSC sem filtro

4.7 MODELO EM SIMULADOR DO INVERSOR TRIFÁSICO COM FILTRO

O modelo abaixo descreve o conversor trifásico de fonte de tensão com filtro. A ligação em série e em derivação de filtros passa-baixo e de condensadores através de uma carga trifásica RL.

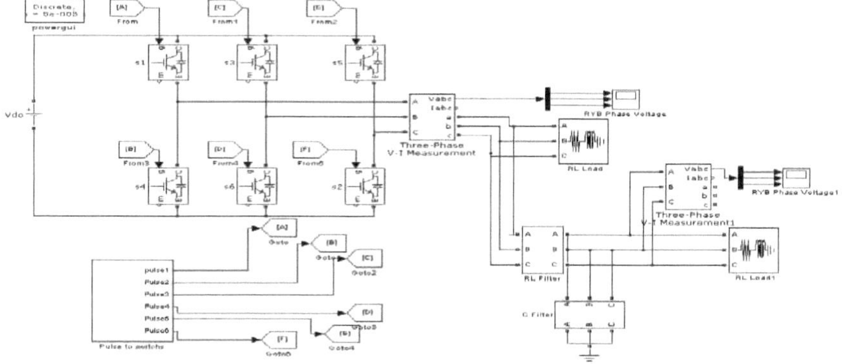

Fig 4.10 Modelo Simulink do VSC com filtro

4.8 TENSÕES TRIFÁSICAS DE LINHA E DE FASE DO VSC COM FILTRO

A Fig. 4.11 representa as tensões de fase de saída do inversor trifásico V_R, V_Y , e V_B . A tensão máxima de pico a pico do conversor trifásico é de 400 volts por fase. A Fig. 4.12 representa a tensão de linha do conversor trifásico com fonte de tensão.

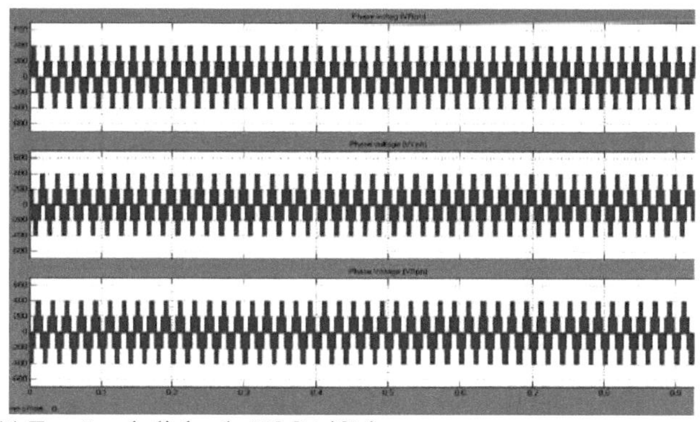

Fig 4.11 Tensões de linha do VSC trifásico

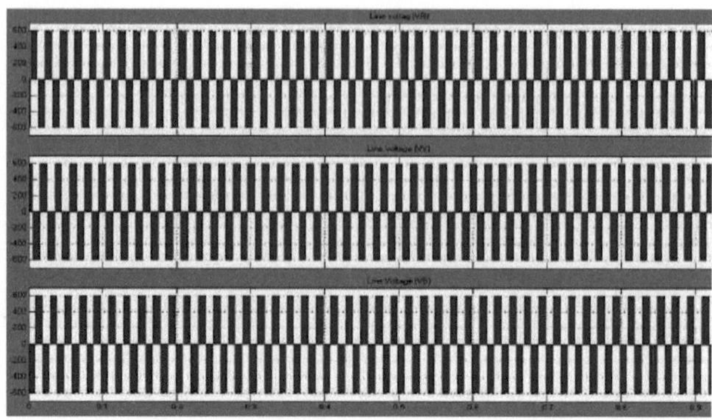

Fig 4.12 Tensões de fase do VSC trifásico

4.9 ANÁLISE DA DISTORÇÃO HARMÓNICA TOTAL DO INVERSOR COM FILTRO

A distorção harmónica total (THD) de um sinal é uma medida da distorção harmónica presente e é definida como a razão entre a soma das potências de todos os componentes harmónicos e a potência da frequência fundamental. A THD é utilizada para caraterizar a linearidade dos sistemas e a qualidade da energia dos sistemas de energia eléctrica.

A Fig. 4.11 analisa os harmónicos de tensão do conversor de fonte de tensão com filtro e o valor do filtro é inversamente proporcional à distorção harmónica total.

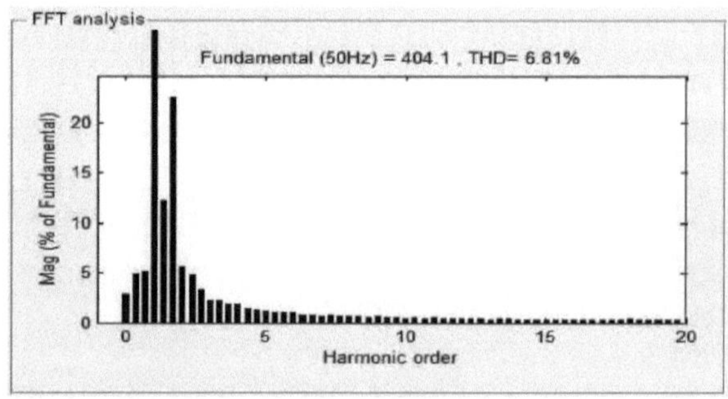

Fig 4.13 Distorção harmónica total do VSC com filtro

4.10 MODELO DE SIMULADOR DE UM SISTEMA FOTOVOLTAICO TRIFÁSICO DE FASE ÚNICA

SISTEMA COM DOIS ESQUEMAS MPPT

A Fig. 4.12 mostra o modelo de simulação de um sistema fotovoltaico trifásico de um só estágio interagido com a rede com dois esquemas MPPT. Em contrapartida, num sistema FV de fase única, o conversor eletrónico de potência é um conversor CC-CA. Assim, a tensão dc do gerador FV é mantida pelo conversor de meia ponte. Em seguida, um VSC trifásico faz a interface da tensão dc com a rede eléctrica pública.

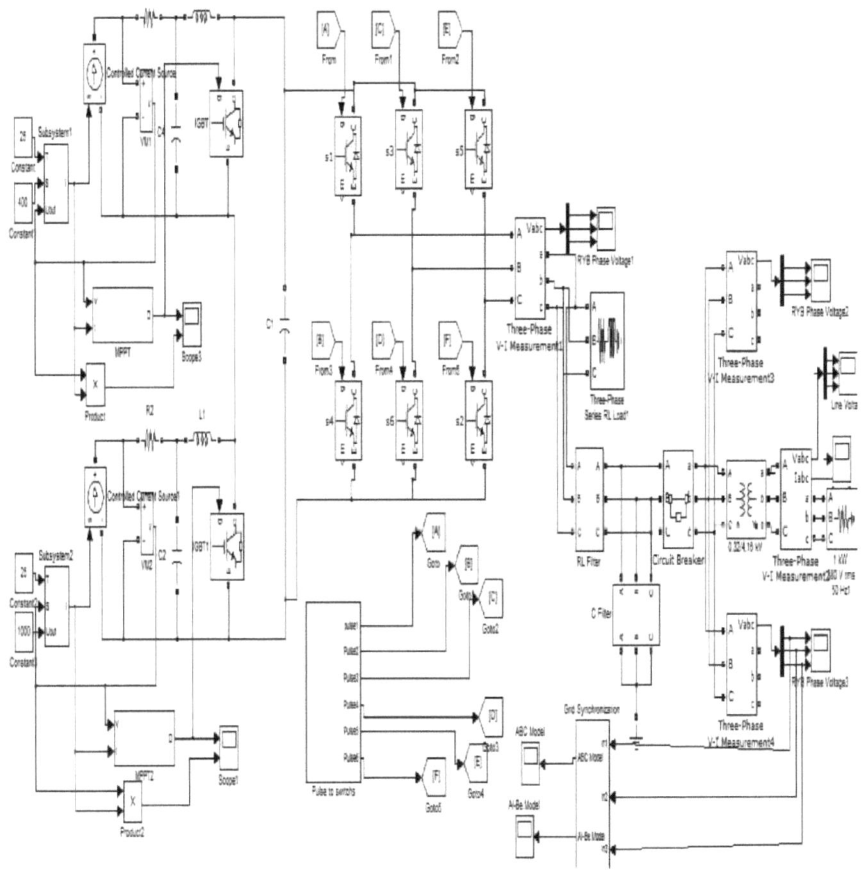

Fig 4.14 Modelo Simulink de um sistema fotovoltaico trifásico de um estágio ligado à rede com dois esquemas MPPT

4.11 TENSÕES TRIFÁSICAS DO SISTEMA FOTOVOLTAICO COM DOIS MPPT REGIME

A Fig. 4.13 representa o conversor trifásico de fonte de tensão com tensões de linha de 120 graus de mudança de fase entre si. E a Fig. 4.14 representa a tensão trifásica do sistema

fotovoltaico em interação com a rede

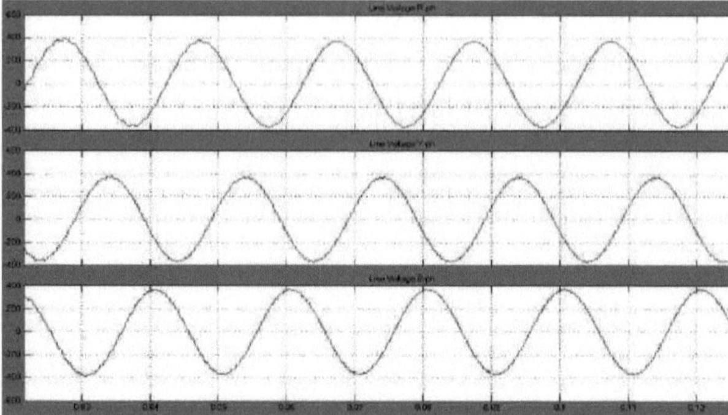

Fig 4.15 Tensões de linha do sistema fotovoltaico trifásico com dois esquemas MPPT

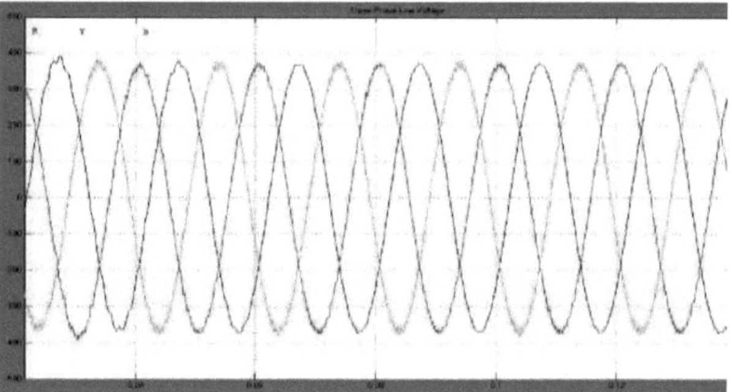

Fig 4.16 Tensões trifásicas do sistema fotovoltaico com dois esquemas MPPT

CAPÍTULO 5: IMPLEMENTAÇÃO DE HARDWARE

5.1 INTRODUÇÃO

É descrito o protótipo de um sistema fotovoltaico trifásico de fase única com interação com a rede, com dois esquemas MPPT. Neste capítulo, descreve-se também o sistema proposto para o esquema de dois MPPT com conversor auxiliar de meia ponte e circuitos de inversor. Uma vez que o custo do painel fotovoltaico é elevado, o fornecimento de corrente contínua para o conversor auxiliar de meia-ponte é elevado. Em vez do conversor auxiliar de meia ponte, o relé é utilizado para comutar a potência máxima da fonte de entrada. No circuito inversor de fonte de tensão, o interrutor selecionado é o MOSFET (IRF840). Na pesquisa bibliográfica, é utilizado um controlador analógico para gerar o impulso da porta e para controlar a tensão de saída do inversor, e também é utilizado um conversor de potência de duas fases para converter a potência de uma fase para outra, pelo que o seu custo é muito elevado e as perdas também são elevadas. Nesta tese, o impulso de porta para os interruptores é gerado utilizando o microcontrolador PIC16F877A. O circuito de potência é constituído por um conversor auxiliar de meia ponte e um inversor trifásico. O circuito de controlo é constituído pela unidade de microcontrolador PIC e pelo circuito de acionamento da porta.

5.2 DIAGRAMA DE BLOCOS

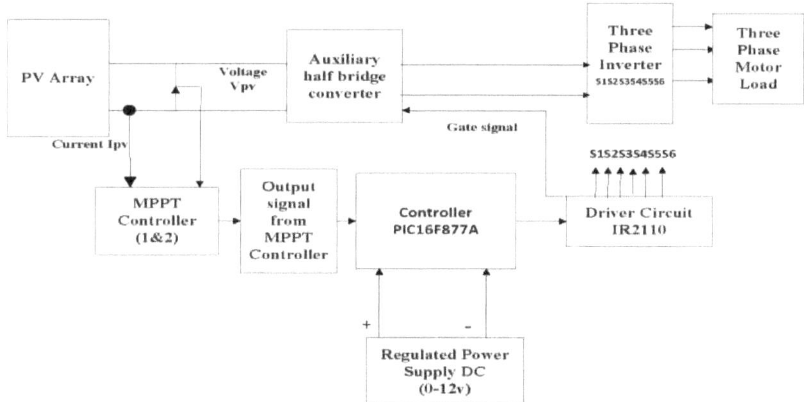

Fig 5.1 Diagrama de blocos de um sistema fotovoltaico trifásico de fase única com interação com a rede com

Esquema de dois MPPT

5.3 ESQUEMA DE CIRCUITOS

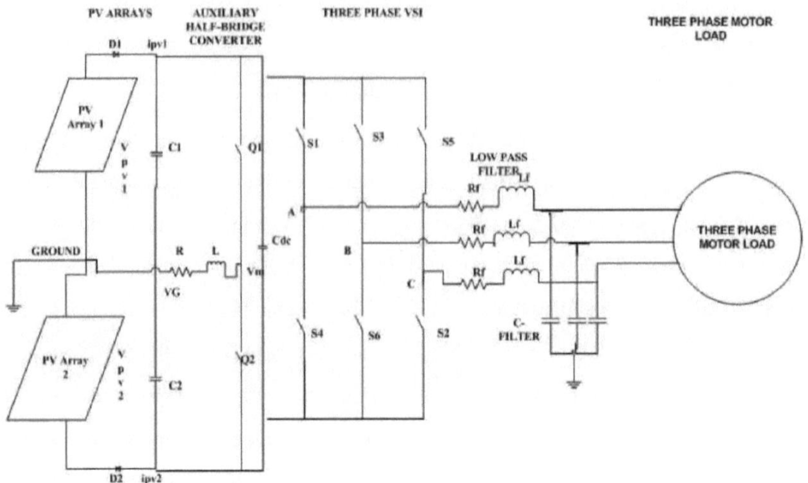

Fig 5.2 Circuito para inversor com sistema ligado à rede

5.4 UNIDADE DE ALIMENTAÇÃO ELÉCTRICA

A tensão CA, normalmente 220 V rms, é ligada a um transformador, que reduz essa tensão CA para o nível da saída CC desejada. Um retificador de díodos fornece então uma tensão rectificada de onda completa que é inicialmente filtrada por um filtro de condensador simples para produzir uma tensão CC. Esta tensão CC resultante tem normalmente alguma ondulação ou variação da tensão CA.

Um circuito regulador elimina as ondulações e também mantém o mesmo valor dc mesmo que a tensão dc de entrada varie. Esta regulação da tensão é normalmente obtida utilizando um dos populares circuitos integrados reguladores de tensão. O diagrama de circuito abaixo representa a unidade de alimentação eléctrica do controlador.

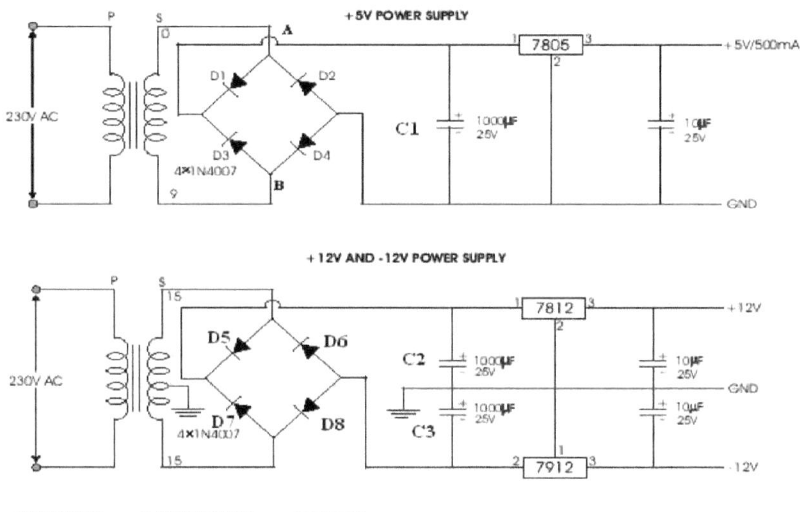

Fig 5.3 Diagrama do circuito da unidade de alimentação eléctrica

5.4.1 Retificador de ponte

Quando quatro díodos são ligados como se mostra na figura, o circuito é designado por ponte rectificadora. A entrada do circuito é aplicada nos cantos diagonalmente opostos da rede e a saída é obtida nos dois cantos restantes.

Vamos supor que o transformador está a funcionar corretamente e que existe um potencial positivo no ponto A e um potencial negativo no ponto B. O potencial positivo no ponto A irá polarizar D3 e polarizar D4.

O potencial negativo no ponto B irá polarizar D1 para a frente e D2 para trás. Neste momento, D3 e D1 estão polarizados para a frente e permitem a passagem de corrente através deles; D4 e D2 estão polarizados para trás e bloqueiam o fluxo de corrente.

O caminho para o fluxo de corrente é do ponto B através de D1, para cima através de Load, através de D3, através do secundário do transformador de volta ao ponto B.

Meio ciclo depois, a polaridade no secundário do transformador inverte-se, polarizando D2 e D4 e polarizando D1 e D3. O fluxo de corrente será agora do ponto A através de D4, para cima através da Carga, através de D2, através do secundário do transformador, e de volta ao ponto A através de D2 e D4. O fluxo de corrente através da carga é sempre no mesmo sentido. Ao fluir através da Carga, esta corrente desenvolve uma tensão correspondente a ela. Uma vez que a corrente flui através da carga durante os dois meios ciclos da tensão aplicada, esta ponte rectificadora é um retificador de onda completa.

Uma vantagem de um retificador em ponte sobre um retificador de onda completa convencional é que, com um dado transformador, o retificador em ponte produz uma tensão de saída que é quase o dobro da do circuito de meia onda convencional. Este retificador em ponte retira sempre 1,4 Volt da tensão de entrada devido ao díodo. Estamos a utilizar o díodo de junção 1N4007 PN, cuja região de corte é de 0,7 Volt, pelo que quaisquer dois díodos estão sempre a conduzir e a queda de tensão total é de 1,4 Volt.

5.4.2 Circuito positivo de 12 e negativo de 12 volts:

A parte não regulada da fonte de alimentação AC/DC do circuito consiste num transformador que reduz 230VAC para 15 volts através de um enrolamento secundário com derivação central 15V AC individualmente através das duas metades do enrolamento secundário com polaridades opostas, díodos (D5) a (D8) que rectificam a CA que aparece através do secundário com (D5) e (D7) fornecendo "retificação de onda completa para produzir uma saída positiva, (D6) e (D8), fornecendo retificação de onda completa para produzir uma saída negativa, condensadores (C2) e (C3) fornecendo a ação de filtragem.. O 7812 é um regulador de três terminais positivo de saída fixa, enquanto o 7912 é um regulador de três terminais negativo de saída fixa.

5.4.3. Reguladores de tensão IC

Os reguladores de tensão constituem uma classe de circuitos integrados amplamente utilizados. Os CIs reguladores contêm os circuitos para a fonte de referência, o amplificador comparador, o dispositivo de controlo e a proteção contra sobrecarga, tudo num único CI. As unidades IC fornecem regulação de uma tensão positiva fixa, de uma tensão negativa fixa ou de uma tensão ajustável. Os reguladores podem ser selecionados para funcionamento com correntes de carga de centenas de mili amperes a dezenas de amperes, correspondendo a potências nominais de mili watts a dezenas de watts. Um regulador de tensão fixo de três terminais tem uma tensão de entrada CC não regulada, aplicada a um terminal de entrada, uma tensão de saída CC regulada, a partir de um segundo terminal, com o terceiro terminal ligado à terra.

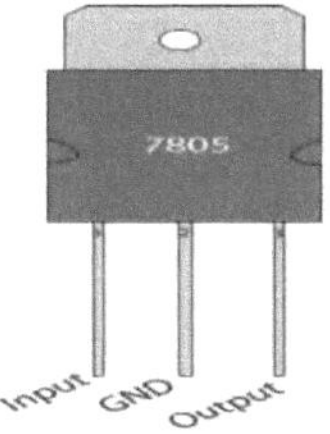

Fig. 5.4 Diagrama de pinos do regulador de tensão IC (7805)

5.5 CIRCUITO DO RELÉ DE POTÊNCIA

5.5.1 DESCRIÇÃO DO CIRCUITO

Este circuito foi concebido para controlar a carga. A carga pode ser um motor ou qualquer outra carga. A carga é ligada e desligada através de um relé. A ativação e desativação do relé é controlada pelo par de transístores de comutação (BC 547). O relé é ligado ao terminal coletor do transístor Q2. Um relé não é mais do que um dispositivo de comutação eletromagnético composto por três pinos. São eles: comum, normalmente fechado (NF) e normalmente aberto (NA).

O pino comum do relé está ligado à tensão de alimentação. O pino normalmente aberto (NO) está ligado à carga. Quando o sinal de impulso alto (5 Volt) é dado à base dos transístores Q1, o transístor está a conduzir e coloca em curto-circuito o coletor e o terminal emissor e o sinal zero (0 Volt) é dado à base do transístor Q2. Assim, o relé é desligado.

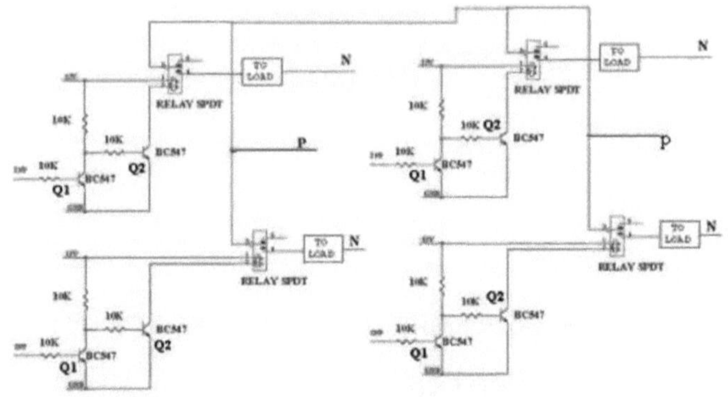

Fig 5.5 Circuito do relé de potência

Quando o impulso baixo é dado à base do transístor Q1, o transístor é desligado. Agora são dados 12v à base do transístor Q2, pelo que o transístor está a conduzir e o relé é ligado. Assim, o terminal comum e o terminal NO do relé estão em curto-circuito. Agora a carga recebe a tensão de alimentação através do relé.

Sinal de tensão do microcontrolador	Transístor Q1	Transístor Q2	Conversor auxiliar de meia ponte
1	ON	DESLIGADO	DESLIGADO
0	DESLIGADO	ON	ON

Tabela 5.1 Sinal de tensão do microcontrolador para o conversor auxiliar de meia ponte

5.5.2 MEDIÇÃO DA TENSÃO

5.5.2.1 INTRODUÇÃO

O LM1458 e o LM1558 são amplificadores operacionais duplos de uso geral.

Os dois amplificadores partilham uma rede de polarização e cabos de alimentação comuns. Caso contrário, o seu funcionamento é completamente independente. O LM1458 é idêntico ao LM1558, exceto que o LM1458 tem as suas especificações garantidas na gama de temperaturas de 0°C a +70°C em vez de -55°C a +125°C.

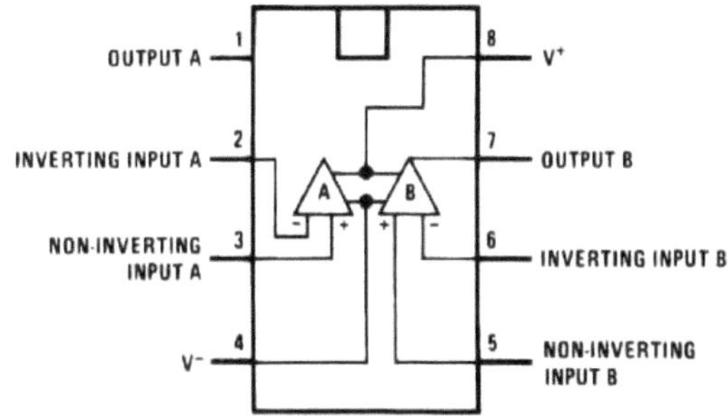

Fig 5.6 Diagrama de pinos do IC de medição de tensão (LM1458)

5.5.2.2 DESCRIÇÃO DO CIRCUITO DE MEDIÇÃO DA TENSÃO

Este circuito foi concebido para monitorizar a tensão de alimentação. A tensão de alimentação que tem de ser monitorizada é reduzida pelo transformador de potencial. Normalmente, estamos a utilizar o transformador de potencial 0-6v. A tensão descendente é rectificada pelo retificador de precisão. O retificador de precisão é uma configuração obtida com um amplificador operacional de modo a obter um circuito que se comporte como um díodo ou retificador ideal.

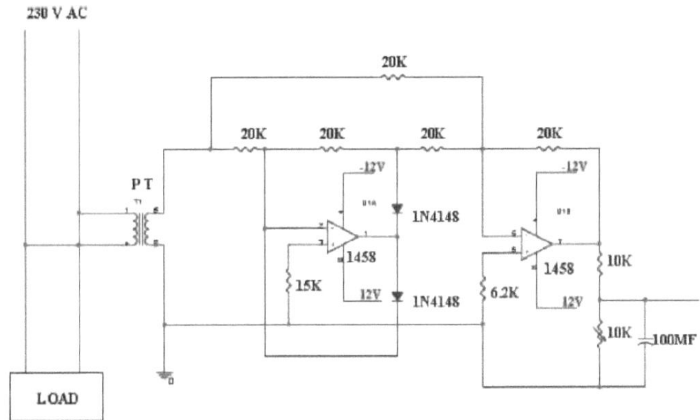

Fig 5.7 Diagrama do circuito de medição de tensão

O retificador de onda completa é a combinação de um retificador de precisão de meia onda e de um amplificador de soma. Quando a tensão de entrada é negativa, há também uma tensão negativa no díodo, pelo que funciona como um circuito aberto, não há corrente na carga e a tensão de saída é zero. Quando a entrada é positiva, é amplificada pelo amplificador operacional e liga o díodo. Há corrente na carga e, devido à realimentação, a tensão de saída é igual à de entrada.

Neste caso, quando a entrada é maior que zero, D2 está ligado e D1 está desligado, pelo que a saída é zero. Quando a entrada é menor que zero, D2 está OFF e D1 está ON, e a saída é como a entrada com uma amplificação de - R_2 / R_1. O retificador de onda completa depende do facto de tanto o retificador de meia onda como o amplificador somador serem circuitos de precisão. Funciona produzindo um sinal rectificado de meia-onda invertido e, em seguida, adicionando esse sinal com o dobro da amplitude ao sinal original no amplificador de soma. O resultado é uma inversão da polaridade selecionada do sinal de entrada.

Em seguida, a saída da tensão rectificada é ajustada para 0-5v com a ajuda da resistência variável VR1. Em seguida, as ondulações são filtradas pelo condensador C1. Após a filtragem, a tensão contínua correspondente é transmitida ao ADC ou a outro circuito relacionado.

5.6 CIRCUITO DO INVERSOR

O diagrama de circuito abaixo representa o inversor trifásico com circuito de isolamento. Os interruptores MOSFET para o inversor são IRF840, o circuito de acionamento para o interrutor MOSFET de potência é amplificar a porta do interrutor do controlador PIC isolado com o circuito MOC3023.

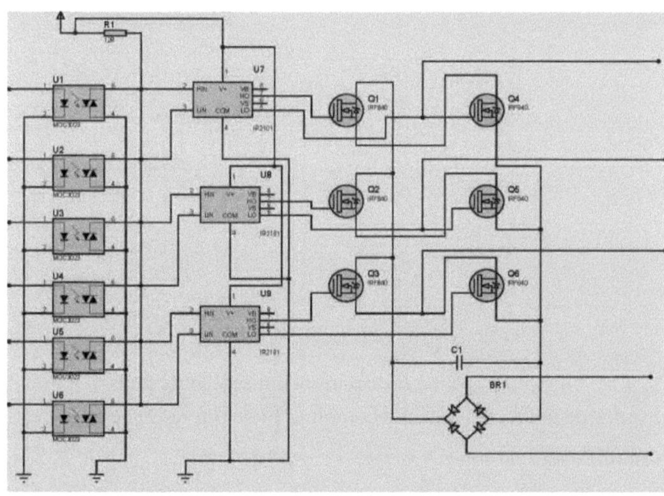

Fig 5.8 Inversor trifásico com circuito de isolamento

5.7 MOSFET DE POTÊNCIA (IRF840)

O MOSFET de potência é um dispositivo controlado por tensão. A porta é isolada eletricamente do canal de transporte de corrente por uma fina camada de material isolante, geralmente dióxido de silício. A corrente que flui entre a fonte e o dreno é diretamente proporcional à tensão de entrada. Um MOSFET de potência é um tipo específico de transístor de efeito de campo de semicondutor de óxido metálico (MOSFET) concebido para lidar com níveis de potência significativos. Em comparação com outros dispositivos semicondutores de potência, por exemplo, o transístor bipolar de porta isolada (IGBT) e o tiristor, as suas principais vantagens são a elevada velocidade de comutação e a boa eficiência a baixas tensões. Partilha com o IGBT uma porta isolada que facilita a sua condução.

Foi possível graças à evolução da tecnologia CMOS, desenvolvida para o fabrico de circuitos integrados. O MOSFET de potência partilha o seu princípio de funcionamento com o seu homólogo de baixa potência, o MOSFET lateral. O MOSFET de potência é o interrutor de baixa tensão (ou seja, inferior a 200 V) mais utilizado. Pode ser encontrado na maioria das fontes de alimentação, conversores de CC para CC e controladores de motores de baixa tensão.

Vds (tensão entre dreno e fonte) = 500V e Id (corrente de dreno para PWM) = 8A

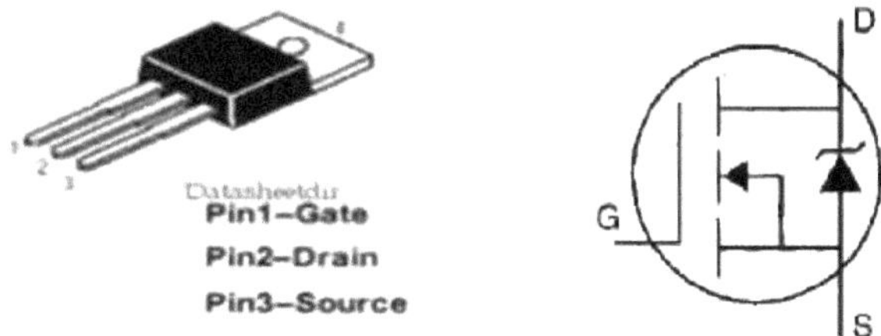

Fig. 5.9 Diagrama de pinos e símbolo do MOSFET

5.7.1 CARACTERÍSTICAS DO IRF840

> Classificação dinâmica dv/dt

> Avalanche repetitiva Avalanche repetitiva

> Comutação rápida

> Facilidade de ligação em paralelo

> Requisitos de acionamento simples

5.7.2 VANTAGENS DO IRF840

> Os MOSFET são fáceis de colocar em paralelo para correntes mais elevadas

> As suas velocidades de comutação rápidas permitem frequências de comutação muito mais elevadas, uma eficiência muito melhor a velocidades mais elevadas e, frequentemente, um tamanho e peso globais do circuito muito mais reduzidos.

> A ausência de avaria secundária reduz os circuitos de amortecimento em aplicações de comutação e proporciona uma maior capacidade de manuseamento de potência em aplicações lineares.

5.8 CIRCUITO DE CONTROLO DA PORTA (IR2110)

Os IR2110/IR2113 são controladores de MOSFET e IGBT de potência de alta tensão e alta velocidade com canais de saída referenciados independentes do lado alto e baixo. As tecnologias proprietárias HVIC e CMOS imunes a trincos permitem uma construção monolítica robusta. As entradas lógicas são compatíveis com a saída CMOS ou LSTTL padrão, até à lógica de 3,3V. Os drivers de saída possuem um estágio de buffer de corrente de pulso alto projetado para uma condução cruzada mínima do driver. Os atrasos de propagação são ajustados para simplificar a utilização em aplicações de alta frequência. O canal flutuante pode ser utilizado para acionar um MOSFET de potência de canal N ou um IGBT na configuração do lado alto, que funciona até 500 ou 600 volts.

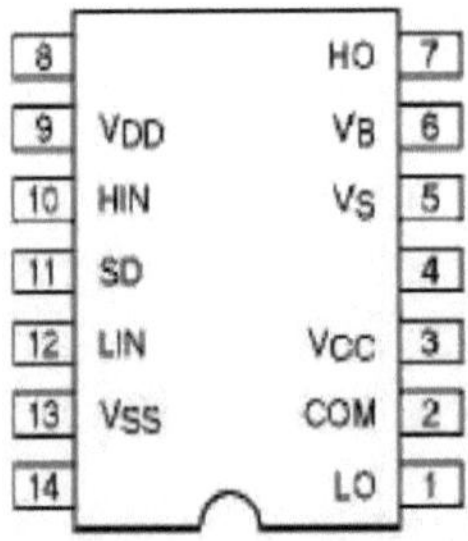

Fig 5.10 Diagrama de pinos do IC de driver de porta (IR2110)

5.8.1 CARACTERÍSTICAS DO CIRCUITO DE CONTROLO DE PORTA (IR2110)

> Canal flutuante concebido para funcionamento de arranque totalmente operacional até +500 V

> Gama de alimentação do acionamento do portão de 10 a 20 Volt

> Bloqueio de subtensão para ambos os canais

> Lógica de desativação desencadeada por extremidade, ciclo a ciclo

> Saídas em fase com as entradas

> Atraso de propagação correspondente para ambos os canais

S.NO	MEDIDAS	GAMA
1	Desvio de Vo (IR2100)	500 Volt máx.
2	lout +/-	2A/2A
3	Vout	10 - 20 Volt
4	ton/off (tip.)	120 e 94 ns
5	Correspondência de atraso (IR2110)	10 ns máx.

Tabela 5.2 Especificação do circuito do controlador de porta (IR2110)

5.9 CONTROLADOR DE IMAGENS

A unidade de controlo do sistema proposto é concebida utilizando o PIC16F877A. A alimentação de entrada da rede eléctrica é rectificada utilizando uma ponte de díodos e é fornecida uma alimentação de entrada regulada de 5 V ao Vcc do PIC16F877A. Um oscilador de cristal de frequência 20 MHz é ligado ao circuito do relógio. O interrutor de reinicialização é fornecido para limpar a memória do programa.

5.9.1 PIC16F877A

O microcontrolador utilizado para esta tese é da série PIC. O microcontrolador PIC é o primeiro microcontrolador baseado em RISC fabricado em CMOS (semicondutor de óxido metálico complementar) que utiliza um barramento separado para instruções e dados, permitindo o acesso simultâneo à memória de programa e de dados. A principal vantagem da combinação CMOS e RISC é o baixo consumo de energia, o que resulta numa pastilha de dimensões muito reduzidas com um número reduzido de pinos. A principal vantagem do CMOS é o facto de ser mais imune ao ruído do que outras técnicas de fabrico. Vários microcontroladores oferecem diferentes tipos de memórias. EEPROM, EPROM, FLASH, etc.

são algumas das memórias, das quais a FLASH é a mais recentemente desenvolvida. A tecnologia utilizada no PIC16F877A é a tecnologia flash, pelo que os dados são mantidos mesmo quando a alimentação é desligada. A facilidade de programação e apagamento são outras caraterísticas do PIC16F877A. A figura 5.11 mostra o diagrama de pinos do microcontrolador PIC.

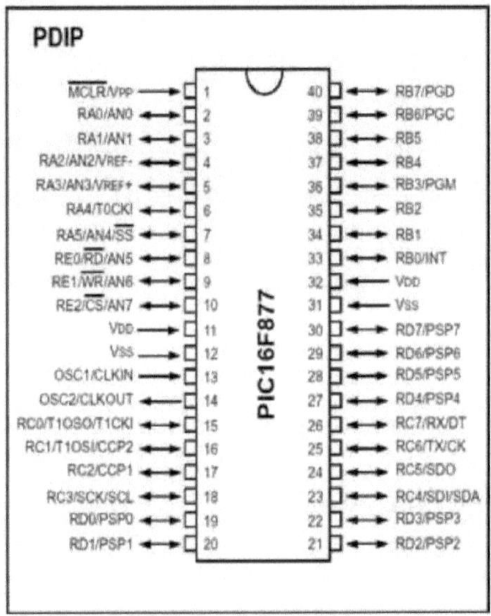

Fig 5.11 Diagrama de pinos do controlador PIC

5.9.2 CARACTERÍSTICAS PERIFÉRICAS E ANALÓGICAS

> TimerO: temporizador/contador de 8 bits com pré-dimensionador de 8 bits
> Timerl: temporizador/contador de 16 bits com pré-escalonamento, pode ser incrementado durante o sono ou através de cristal/relógio externo
> Temporizador2: Temporizador/contador de 8 bits com registo de período de 8 bits, pré-escalonador e pós-escalonador
> Dois módulos de captura, comparação e PWM
  - o A captura é de 16 bits, a resolução máxima é de 12,5 ns,
  - o A comparação é de 16 bits, a resolução máxima é de 200 ns,
  - o A resolução máxima do PWM é de 10 bits
> Conversor analógico-digital multicanal de 10 bits

- **CARACTERÍSTICAS ANALÓGICAS**

> Conversor analógico-digital (A/D) de 10 bits, até 8 canais

> Reposição de Brown-out (BOR)

5.9.3 TECNOLOGIA CMOS

> Tecnologia Flash/EEPROM de baixa potência e alta velocidade
> Design totalmente estático

> Ampla gama de tensões de funcionamento (2,0 V a 5,5 V)

> Gamas de temperaturas comerciais e industriais

> Baixo consumo de energia

5.10 CIRCUITO DE ISOLAMENTO (MC3023)

A série MOC3023 é constituída por dispositivos de controlo de triacs opticamente isolados. Estes dispositivos contêm um díodo emissor de infravermelhos GaAs e um interrutor bilateral de silício ativado por luz, que funciona como um triac. Foram concebidos para ligação em interface entre controlos electrónicos e ensaios de potência para controlar cargas resistivas e indutivas para operações de 115 VCA.

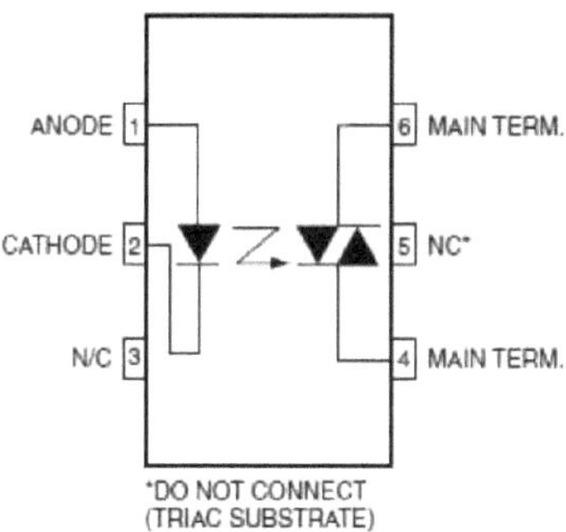

Fig 5.12 Diagrama de pinos do circuito de isolamento IC (MC3023)

5.11 CONFIGURAÇÃO DO HARDWARE DO SISTEMA FOTOVOLTAICO TRIFÁSICO DE FASE ÚNICA

COM ESQUEMA DUPLO MPPT

A Fig.12 representa a configuração do hardware de sistemas fotovoltaicos trifásicos de fase única com esquema MPPT duplo. A alimentação de entrada para o inversor é feita a partir de dois autotransformadores da alimentação principal de 230 Volt, 50 Hz. A partir desta alimentação, a tensão é medida utilizando o amplificador operacional duplo LM1458. De acordo com o nosso algoritmo de seguimento do ponto de potência máxima, a potência máxima é seguida a partir da alimentação de entrada e é fornecida ao circuito de relé, o circuito de relé é controlado pelo microcontrolador PIC16f877A. Com base no funcionamento do circuito de relé, a tensão é convertida. A tensão de saída convertida é fornecida à alimentação de entrada do circuito inversor trifásico. O circuito do inversor funciona com base na técnica de modulação por largura de impulsos (PWM). O inversor é alimentado ao motor de indução trifásico. Com base na técnica de seguimento da potência máxima, é utilizado um sistema fotovoltaico trifásico de fase única com interação com a rede, com um esquema MPPT duplo.

Fig. 5.13 Circuito de controlo e potência para o sistema fotovoltaico trifásico de fase única ligado à rede com dois esquemas MPPT

A Fig. 5.13 mostra a configuração do hardware do sistema fotovoltaico trifásico de fase única com dois algoritmos de seguimento do ponto de potência máxima.

Fig.14 Configuração de hardware do sistema fotovoltaico trifásico de estágio único com MPPT duplo

Esquema

5.12 RESULTADOS E DISCUSSÃO

A Fig. 14 representa o ciclo de funcionamento do conversor auxiliar de meia ponte. A potência máxima que é monitorizada pelo controlador MPPT, utilizando a técnica de perturbação e observação. A Fig. 15 mostra o conversor auxiliar de meia ponte com impulso de saída.

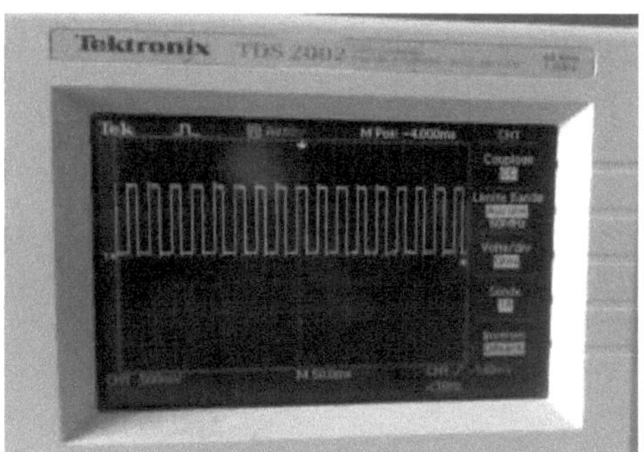

Fig. 15 Ciclo de trabalho do conversor auxiliar de meia ponte

Fig. 16 Conversor auxiliar de meia ponte com pulso de saída

A Fig. 16 representa a potência máxima que é monitorizada utilizando o algoritmo de monitorização do ponto de potência máxima e o impulso é dado ao circuito auxiliar do conversor de meia ponte. A Fig. 17 representa a potência máxima monitorizada pelo segundo controlador de comutação do conversor auxiliar

Fig. 17 Potência máxima controlada pelo controlador do primeiro conversor auxiliar

Fig. 18 Potência máxima controlada pelo segundo conversor auxiliar

A Tabela 5.3 mostra o sinal de controlo para o conversor auxiliar de meia ponte a partir do algoritmo de seguimento da potência máxima.

Sinal de tensão do microcontrolador	Transístor Q1	Transístor Q2	Conversor auxiliar de meia ponte
1	ON	DESLIGADO	DESLIGADO
0	DESLIGAD O	ON	ON

Tabela 5.3 Sinal de controlo para o conversor auxiliar de meia ponte

A fig.18 abaixo representa os impulsos PWM para o circuito do inversor trifásico. O impulso PWM é dado ao inversor, com base na frequência de comutação e nas tensões de saída de tempo que são produzidas sob a forma de tensão trifásica.

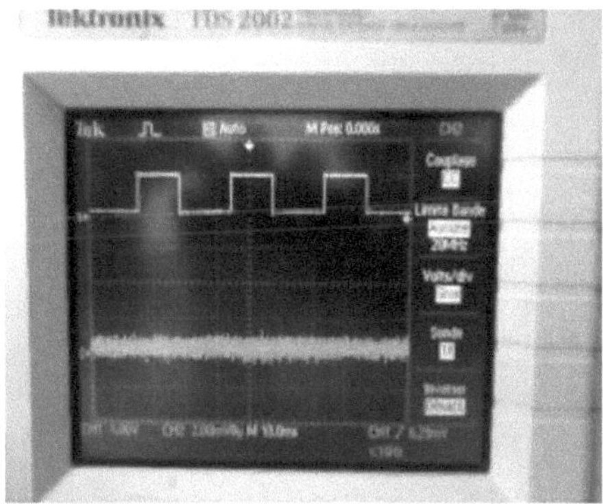

Fig. 19 Impulsos PWM para o circuito do inversor a partir do controlador PIC

A Fig. 19 representa as tensões linha a linha do sistema FV trifásico com dois esquemas MPPT

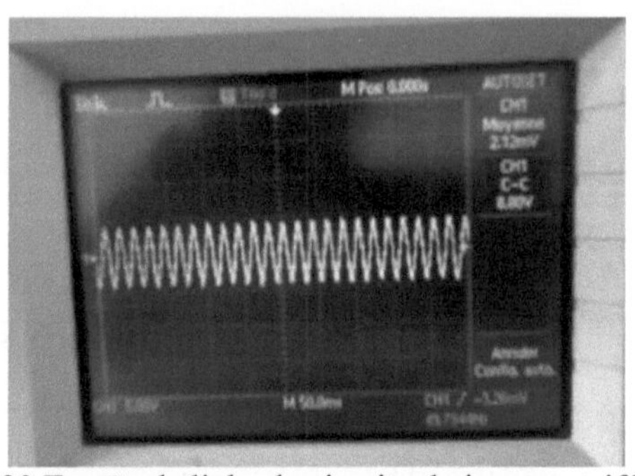

Fig. 20 Tensão de linha do circuito do inversor trifásico

CAPÍTULO 6: CONCLUSÃO E REFORÇO FUTURO

6.1 CONCLUSÃO

Neste trabalho, é demonstrado um sistema fotovoltaico trifásico de fase única com duas técnicas MPPT para aumentar a potência nominal do sistema e um rendimento energético melhorado em condições de sombreamento parcial. Além disso, o sistema fotovoltaico pode efetivamente duplicar a tensão CC máxima admissível de um sistema fotovoltaico monofásico ligado à terra, sem quaisquer isolamentos e contactos adicionais em relação às normas de isolamento ou ao sistema comum para o sistema fotovoltaico ligado à terra. O sistema fotovoltaico é realizado através da ligação em paralelo de um conversor auxiliar de meia ponte à ligação dc num sistema fotovoltaico de fase única analisado através da simulação MATLAB e os resultados também foram verificados através da implementação em hardware. Os resultados dos sistemas fotovoltaicos trifásicos de fase única com dois esquemas MPPT são verificados através da implementação em hardware.

REFERÊNCIAS

1) B. Sahan, A. Vergara, N. Henze, A. Engler e P. Zacharias, "A single stage PV module integrated converter based on a low-power current-source inverter," *IEEE Trans. Ind. Electron,* vol. 55, no. 7, pp. 2602-2609, Jul.2008.

2) Gules R, et al. "A maximum power point tracking system with parallel connection for PV stand-alone applications" IEEE Transactions on Indus- trial Electronics 2008;55: 2674-83.

3) I. J. Balaguer, Q. Lei, S. Yang, U. Supatti, e F. Z. Peng, "Control for grid- connected and intentional islanding operations of distributed power generation," *IEEE Trans. Ind. Electron*, vol. 58, no. 1, pp. 147-157, Jan.2011.

4) J. A. Gow e C. D. Manning, "Development of a photovoltaic array model for use in power-electronics simulation studies", IEEE Proceedings-Electr. Power Appl., vol. 146, no. 2, pp. 193-200, Mar. 1999.

5) L. Rolim, D. Costa, M. Aredes. Análise e implementação em software de um circuito PLL sincronizador robusto baseado na teoria pq. IEEE Trans. Industrial Electronics, Vol. 53, No.6, pp. 1919-1926, 2006.

6) M. Veerachary, T. Senjyu, e K. Uezato, "Voltage-based maximum power point tracking control of PV system," IEEE Trans. Aerosp. lectron. Syst., vol. 38, no. 1, pp. 262-270, Jan. 2002.

7) M. Ciobotaru, R. Teodorescu, e F. Blaabjerg, "Control of single stage singlephase pv inverter," in Proc. Eur. Conf. Power Electron. Appl., 2005, pp. 1-10.

8) M. Mohr, W. T. Franke, B. Witting, e F. W. Fuchs, "Converter systems for fuel cells in the medium power range-a comparative study," *IEEE Trans. Ind. Electron*, vol. 57, no. 6, pp. 2024-2032, Jun. 2010.

9) P. Rodriguez, A. Luna, R. S. Mu'noz-Aguilar, I. Etxeberria-Otadui,R. Teodorescu, and F. Blaabjerg, "A stationary reference frame grid synchronization system for three-phase grid-connected power converters under adverse grid conditions," *IEEE Trans. Power Electron*, vol. 27, no. 1,pp. 99-112, Jan. 2012.

10) S. Jain e V. Agarwal, "Comparison of the performance of maximum power point tracking schemes applied to single-stage grid-connected photovoltaic systems," IET Electr. Power Appl., vol. 1, no. 5,pp. 753-762, Sep. 2007.

11) W. Libo, Z. Zhengming, e L. Jianzheng, "Um sistema fotovoltaico trifásico ligado à rede,

de fase única, com método MPPT modificado e compensação de potência reactiva," *IEEE Trans. Energy Convers*, vol. 22,no. 4, pp. 881-886, Dec. 2007.

12) Y. Chen e K. Smedley, "Three-phase boost-type grid-connected inverter, "*IEEE Trans. Power Electron*, vol. 23, no. 5, pp. 2301-2309, Sep.2008.

13) Y. Tang, P. C. Loh, P. Wang, F. H. Choo, e F. Gao, "Exploring inherent damping characteristic of LCL-filters for three-phase grid-connected voltage source inverters," *IEEE Trans. Power Electron*, vol. 27, no. 3,pp. 1433-1443, Mar. 2012.

14) http://solarbuildermag.com/wp-content/uploads/2014/01/chart.jpg

15) www.solarcellsales.com/techinfo/docs/bp-485.pdf.

16) www.mathworks.com

17) "MPPT ALGORITHMS". powerelectronics.com. Recuperado em 2011-06-10.

18) "Avaliação de métodos de seguimento do ponto de potência máxima baseados em microcontroladores utilizando a plataforma dSPACE". itee.uq.edu.au. Recuperado em 2011-06-18

19) http://www.solarpowerworldonline.com/2014/02/dual-mppt-defined understanding-mppt/

Printed by Books on Demand GmbH, Norderstedt / Germany